María José Luciáñez Sánchez
Enrique Rubio Gómez
Marta Vega Manchón

El efecto del fuego en el bosque

María José Luciáñez Sánchez
Enrique Rubio Gómez
Marta Vega Manchón

El efecto del fuego en el bosque

Los Colémbolos como bioindicadores de la degradación del medio edáfico

Editorial Académica Española

Imprint
Any brand names and product names mentioned in this book are subject to trademark, brand or patent protection and are trademarks or registered trademarks of their respective holders. The use of brand names, product names, common names, trade names, product descriptions etc. even without a particular marking in this work is in no way to be construed to mean that such names may be regarded as unrestricted in respect of trademark and brand protection legislation and could thus be used by anyone.

Cover image: www.ingimage.com

Publisher:
Editorial Académica Española
is a trademark of
Dodo Books Indian Ocean Ltd. and OmniScriptum S.R.L publishing group

120 High Road, East Finchley, London, N2 9ED, United Kingdom
Str. Armeneasca 28/1, office 1, Chisinau MD-2012, Republic of Moldova, Europe
Printed at: see last page
ISBN: 978-613-9-40485-8

El efecto del fuego en el suelo del bosque: los Colémbolos como bioindicadores de la degradación del medio edáfico

María José Luciáñez Sánchez

Enrique Rubio Gómez y Marta Vega Manchón

ÍNDICE

RESUMEN

En este trabajo se realiza un estudio faunístico y ecológico en un pinar de *Pinus nigra* Arn. en la localidad de Fuentenava de Jábaga, en la Serranía de Cuenca, con el objetivo de esclarecer qué impacto tienen los incendios forestales en la composición de la mesofauna y en las comunidades de colémbolos. Durante la estación de otoño, se recolectaron muestras de hojarasca, suelo superficial y suelo profundo en diferentes puntos del bosque natural, del área afectada por el incendio y de la zona de transición entre ambos. El análisis de abundancia, distribución y los índices de diversidad revelaron que hay una menor abundancia en las poblaciones de colémbolos en el bosque incendiado, aunque es el área con el valor más alto de diversidad.

Mediante los diferentes análisis estadísticos llevados a cabo se logró identificar las especies de colémbolos asociadas a cada uno de los entornos (natural, incendio o zona de transición), ya que las especies se ven influenciadas por las características edáficas de cada tipo de suelo, lo que confirma su papel como bioindicadores de los ecosistemas edáficos. Las especies euedáficas, como *Mesaphorura macrochaeta*, están muy adaptadas a vivir en ambientes alterados por el fuego, por lo que son muy abundantes en el suelo quemado. Por otro lado, se observan comunidades más numerosas en la zona de transición o borde, en especial de *Tetracanthella pilosa*, una especie hemiedáfica y de distribución holártica que debido a la puesta de huevos latentes que eclosionan ante temperaturas elevadas, es especialmente relevante en este ecosistema.

PALABRAS CLAVE: Collembola, *Pinus nigra*, incendio, bioindicadores edáficos, Serranía de Cuenca.

ABSTRACT

In this work, a faunistic and ecological study is carried out in a pine forest of *Pinus nigra* Arn. in the locality of Fuentenava de Jábaga, in the Serranía de Cuenca Castilla-La Mancha, Spain), with the aim of clarifying the impact of forest fires on the composition of the mesofauna and on the communities of springtails. During the autumn season, samples of leaf litter, surface soil and deep soil were collected at different points of the natural forest, the area affected by the fire and the transition zone between the two. The analysis of abundance, distribution and diversity indices revealed that there is a lower abundance of springtail populations in the burned forest, although it is the area with the highest diversity value.

Through the different statistical analyses carried out, it was possible to identify the springtail species associated with each of the environments (natural, fire or transition zone), since the species are influenced by the edaphic characteristics of each type of soil, which confirms their role as bioindicators of the edaphic ecosystems. Euedaphic species, such as *Mesaphorura macrochaeta*, are highly adapted to living in environments altered by fire, so they are very abundant in the burned soil. On the other hand, more numerous communities are observed in the transition or edge zone, especially of *Tetracanthella pilosa*, a hemiedaphic species with a holarctic distribution that due to the laying of dormant eggs, is very abundant in the transition or edge soil.

KEY WORDS: Collembola, *Pinus nigra*, fire, edaphic bioindicators, Serranía de Cuenca (Castilla-La Mancha, Spain).

1. INTRODUCCIÓN

El conocimiento científico y los diferentes conceptos relacionados con él evolucionan a la par. Aunque sea un concepto antiguo y por ello quizá bien establecido, nunca ha dejado de ser polémica la definición de suelo, que podría considerarse como aquel cuerpo natural, diferenciado en horizontes de constituyentes minerales y orgánicos generalmente no consolidados, de profundidad variable y que difiere de la roca madre original en morfología, constitución, composición, propiedades físicas y químicas y en sus características biológicas (JOFFE, 1936). El suelo es un recurso natural limitado y no renovable que desempeña múltiples servicios ecosistémicos o ambientales, entre los que destacan la regulación de los ciclos biogeoquímicos, la fijación de carbono o el almacenamiento y la filtración de agua (BURBANO-ORJUELA, 2016). Además, el suelo alberga una gran densidad de especies pudiendo encontrar en él numerosos filos animales, y especies de microflora, lo que lo convierte en el ecosistema natural con mayor biodiversidad de cualquier región (HÅGVAR, 1998).

La macrofauna del suelo (hormigas, arañas, pseudoescorpiones…) tiene un impacto significativo en los procesos de descomposición y mineralización de nutrientes. La mesofauna, que incluye artrópodos de tamaño comprendido entre 0,2 y 2 mm, como los ácaros o los colémbolos, es aún más abundante y diversa (MURILLO-CUEVAS *et al.*, 2019). Algunos grupos son sensibles a perturbaciones naturales o causadas por actividades humanas, lo que los convierte en bioindicadores de la calidad y fertilidad del suelo (GARCÍA-ÁLVAREZ & BELLO, 2004). Es fundamental investigar las perturbaciones que pueden afectar a estas comunidades edáficas con el fin de comprender las dinámicas y el estado de los ecosistemas forestales. En este trabajo se busca estudiar los efectos de los incendios forestales en el suelo y cómo estas perturbaciones afectan a las comunidades de organismos y a su funcionamiento.

Los ecosistemas mediterráneos han desarrollado una alta adaptación a los incendios forestales, sin embargo, la frecuencia de éstos se ha incrementado notablemente. En la actualidad, la despoblación y el abandono han llevado a un aumento en la cobertura vegetal y a un incremento de los incendios forestales sin control y de alta intensidad (BODÍ *et al.*, 2012).

Los incendios forestales tienen un fuerte impacto en los ciclos biogeoquímicos, la vegetación, el suelo, la fauna, los procesos hidrológicos y geomorfológicos, la calidad del agua e incluso en la composición de la atmósfera (BODÍ *et al.*, 2012). Estos eventos destruyen la hojarasca y desecan las capas superiores del suelo, lo que provoca cambios en la disponibilidad de alimento, agua, temperatura y pH. La materia orgánica que queda después del incendio suele estar muy descompuesta y proporciona un sustrato menos rico para los organismos descomponedores en comparación con el suelo y la hojarasca no quemados (SUHADI *et al.*, 2012).

El "régimen de incendios" reúne una serie de características que definen estos eventos (frecuencia, intensidad, estacionalidad, superficie afectada y tipo de propagación), y según ÚBEDA *et al.* (2021), desde la década de los años 60 ha cambiado este régimen, aumentando la intensidad y la superficie afectada por los Grandes Incendios Forestales, además de que estos se producen cada vez con mayor frecuencia fuera de los meses de verano. Los incendios no solo generan pérdidas de materia orgánica, sino que también alteran las propiedades del suelo, haciendo que aumente el pH y la salinidad, favoreciendo a los microorganismos descomponedores y alterando los ciclos biogeoquímicos (aumenta el fósforo, se pierde nitrógeno y se altera la cantidad y calidad del carbono orgánico), además, erosionan el suelo e incluso pueden producir desertización (MATAIX-SOLERA & GUERRERO, 2007).

Sin embargo, los incendios también proporcionan beneficios permitiendo la regeneración de los ecosistemas, la penetración de luz en el bosque y liberando nutrientes que, de lo contrario, permanecerían inmovilizados. Estos factores determinan la composición de las comunidades del suelo posterior al incendio.

Los colémbolos como bioindicadores

Los colémbolos (Collembola) son un grupo de hexápodos terrestres, generalmente edáficos, que conforman un taxón filogenéticamente cercano a los insectos. Según CIPOLA *et al.* (2018), las características que separan este grupo de los insectos son su carácter endognato y la presencia de tres apéndices abdominales singulares: un tubo ventral o colóforo, un tenáculo o retináculo y la furca, aunque los dos últimos se pierden de forma secundaria en algunos taxones. La clase cuenta con cuatro ordenes: Poduromorpha, Entomobryomorpha, Symphypleona y Neelipleona.

Dentro de las comunidades faunísticas edáficas, son uno de los grupos más relevantes. En general se alimentan de hongos y materia vegetal en descomposición, pero una parte de ellos son carnívoros (comen nemátodos, tardígrados, otros colémbolos, etc.) y muy pocos se alimentan de algas y plantas vivas. Tienen alta importancia en las cadenas tróficas edáficas, aportando al medio excreciones, deyecciones, secreciones o sus restos tras la muerte, y a su vez, pueden servir de alimento para otros artrópodos como hormigas, escarabajos o ácaros (ARANGO-GALVÁN *et al.*, 2009). No obstante, solo representan en torno a un 1-5% de la biomasa en sistemas templados y 10% en zonas árticas, aunque en estados tempranos de sucesión puede alcanzar un 33% (ARANGO-GALVÁN *et al.*, 2009).

Son organismos esenciales para el buen estado del suelo debido a su importante papel en la descomposición de la materia orgánica lo que favorece la implantación de microflora y facilita la dispersión y actividad de bacterias y hongos (BELLINGER *et al.,* 2003) controlan por ello las poblaciones de microorganismos (especialmente hongos). Por lo tanto, son de gran importancia para evaluar el estado de un ecosistema edáfico y por ello los efectos de los incendios forestales en el suelo ya que, además, tienen una notable capacidad de adaptación y pueden alcanzar niveles de población superiores a los anteriores al incendio aproximadamente tres años después (LOPES & GAMA, 1994; DI CASTRI & VITALI DI CASTRI, 1981). Son de los primeros organismos en reaccionar a los cambios, tratándose de animales de alto valor bioindicador para medios edáficos (LUCIÁÑEZ & INIESTO, 2006).

Los colémbolos, junto con otros grupos de animales como los ácaros, sínfilos, paurópodos, dipluros, proturos, psocópteros, tisanópteros y enquitreidos, componen la mesofauna del suelo (animales de 0,2-2 mm de diámetro) y son imprescindibles en muchos de los procesos que ocurren en el medio edáfico (BERUDE *et al.*, 2015, SANJUAN *et al.*, 2022). Atendiendo a las categorías morfoecológicas de GISIN (1943) (según su anatomía y el medio al que viven asociados, a lo largo de un gradiente vertical), los colémbolos pueden caracterizarse como atmobios, hemiedáficos y euedáficos. Los atmobios son típicos de la superficie del suelo y la vegetación, poseen antenas y furca largas, y pigmentación y visión desarrollada. Los hemiedáficos viven entre la hojarasca y los primeros centímetros del suelo, y poseen pigmentación más o menos desarrollada y apéndices moderadamente largos. Los euedáficos residen en capas más profundas del suelo, y tienen coloración, ojos y apéndices reducidos o ausentes. Los que llevan un modo de vida epígeo (atmobios y hemiedáficos) pueden ser: higrófilos, estrechamente asociados al agua; mesófilos, que habitan en la parte superficial de la hojarasca, o xerófilos, con pigmentación intensa, los cuales viven sobre musgos, líquenes y cortezas (ARBEA Y BLASCO-ZUMETA, 2001).

El gran valor bioindicador de este grupo faunístico es el determinante del tema tratado en este texto, en el que se pretende contribuir a la evaluación del estado de un suelo, y por ello, de un ecosistema, estudiando las variaciones de las comunidades de colémbolos en un suelo quemado. El estudio forma parte de una investigación más amplia que tiene como objetivo analizar y comprender la ecología y el comportamiento de los colémbolos en suelos quemados utilizando como punto de muestreo un bosque de *Pinus nigra* Arn. en Fuentenava de Jábaga (Serranía de Cuenca), después de un incendio que tuvo lugar en agosto de 1991. El punto de partida es el análisis de las características biogeográficas y ecológicas de las especies encontradas, y desde ahí y mediante análisis numéricos, contribuir al conocimiento de los ecosistemas edáficos y su funcionamiento.

La hipótesis inicial de este estudio plantea que los ecosistemas estudiados presentan diferencias significativas en la presencia y abundancia de los diferentes grupos de fauna edáfica y, especialmente, en las especies de colémbolos, en función del tipo de suelo muestreado: suelo quemado, suelo natural y suelo "de borde" transitorio entre el quemado y el natural. Además, se espera que las poblaciones de colémbolos se recuperen con el paso del tiempo.

2. OBJETIVOS

El objetivo principal de este trabajo es contribuir al estudio del impacto de un incendio forestal en la composición de la mesofauna y las poblaciones de colémbolos. Para ello, los objetivos específicos que se establecen son los siguientes:

- Determinar la abundancia y distribución de la fauna del suelo en un pinar de *Pinus nigra* en la localidad de Fuentenava de Jábaga (Cuenca), en estado natural, en suelo quemado, y en la zona de transición entre ambos puntos, estudiando además distintos niveles edáficos.
- Dado el valor bioindicador de los colémbolos edáficos, se pretende conocer las especies que habitan estos suelos naturales y quemados, así como en la zona de transición, estudiar su distribución y cambios poblacionales, y los factores que los generan.
- Identificar posibles grupos de fauna edáfica y, sobre todo, especies de colémbolos que puedan servir como bioindicadores de un bosque natural

de *P. nigra*, y un bosque quemado. De esta forma pueden constituirse en especies indicadoras de la calidad del suelo y la recuperación de este tras el incendio.

- Evaluar el efecto que tiene un incendio sobre la mesofauna, de modo que permita comprender mejor el impacto de un incendio forestal, y se pueda contribuir a mejorar la recuperación de los bosques.

3. DESCRIPCIÓN DE LA ZONA DE ESTUDIO

3.1 SITUACIÓN GEOGRÁFICA

La Serranía de Cuenca se sitúa en la región nororiental de la provincia de Cuenca y sur de Toledo. No constituye una zona de alta montaña, sino un área con relieve abrupto y formaciones geológicas intrincadas, cubiertas por densos bosques de pinos. Se sitúa entre las provincias de Cuenca, Guadalajara y Teruel, limitando al norte con la Sierra de Albarracín, al este con la Serranía Celtibérica y al oeste con la Alcarria. Es una región cuyas altitudes oscilan entre los 800 metros en el fondo de algunos valles y los 1866 metros, siendo el pico de la Mogorrita, en la Sierra de Valdeminguete, la cota más alta (DOMÍNGUEZ-FONTANA, 2011).

La zona de estudio consiste en un pinar situado en el término municipal de Fuentenava de Jábaga, limitando en la zona sur con la carretera N-400 y al este con la carretera N-320, y a unos 13 km de la ciudad de Cuenca (**figuras 1 y 2**). El pinar en el que se llevó a cabo el muestreo se encuentra en la Serranía de Cuenca, a 943 metros de altitud en Altos de Cabrejas, siendo sus coordenadas UTM 30TWK6437.

3.2 GEOLOGÍA Y EDAFOLOGÍA

En términos geológicos la Serranía de Cuenca presenta un núcleo triásico, rodeado por formaciones jurásicas, y sobre éstas se encuentran los estratos cretácicos y terciarios. En el paisaje predominan las parameras, fruto del modelado kárstico. Dichas parameras están fragmentadas por surcos intramontañosos formando valles y hoces, es decir, cañones de erosión fluviokárstica con pendientes abruptas y escarpes sobre dolomías masivas turonenses (MONERO *et al.*, 2010).

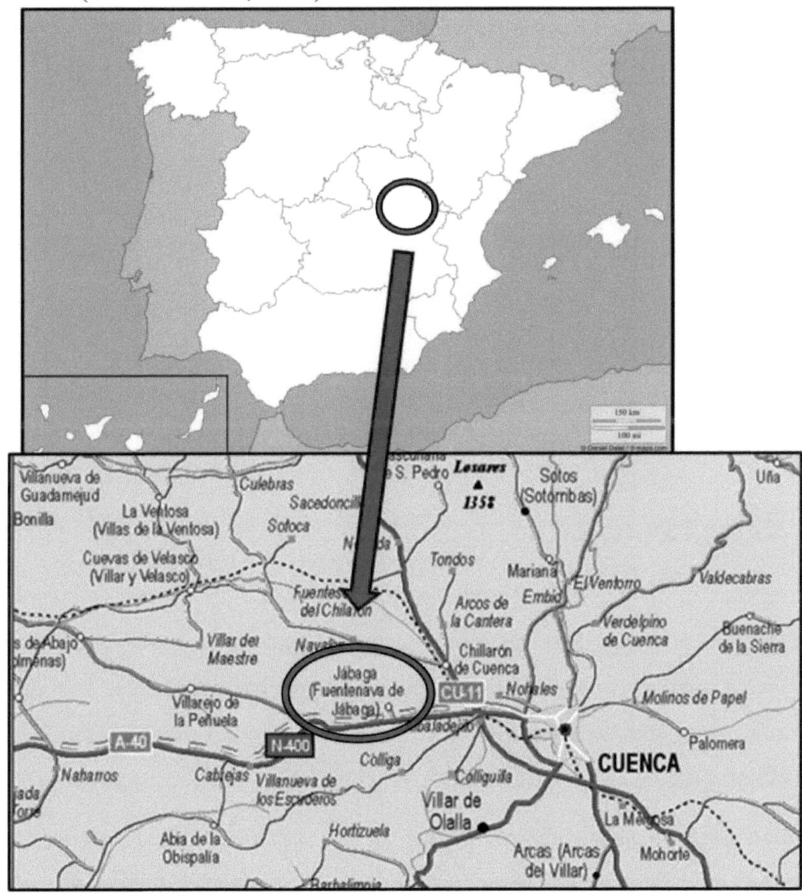

Figura 1. Localización geográfica del pinar muestreado en la Península Ibérica.

El pinar estudiado se encuentra sobre depósitos sedimentarios calizos del Oligoceno, originados a partir de la desecación de cuencas lacustres formadas por margas, yesos y calizas. El suelo que sustenta el pinar es una Terra Rossa, definido también como un suelo pardo calizo sobre material poco consolidado, con áreas pedregosas y un horizonte de humus poco desarrollado (RIVAS-MARTÍNEZ, 1987), sobre una superficie pedregosa de topología accidentada (ORTIZ VALBUENA, 1992).

Figura 2. Localización geográfica de la zona de estudio. Se observa el área delimitada de la comarca de Fuentenava de Jábaga, donde se sitúa en color sombreado el pinar muestreado.

3.3 VEGETACIÓN

La vegetación de la zona de estudio pertenece al piso supra-mesomediterráneo y a la región biogeográfica castellano-alcarreño-manchega basófila de *Quercus faginea* o quejigo, cuya vegetación potencial son los quejigares. Las especies predominantes son *Pinus nigra* Arn. y el quejigo (*Quercus faginea* Lam.) (RIVAS-MARTÍNEZ, 1987).

El pino negro o laricio *(Pinus nigra)* es una especie submediterránea orófila altamente resistente a bajas temperaturas y sequías estivales severas. Por esto, se trata de una especie con tendencia frío-esteparia aunque por compensaciones litológicas y geomorfológicas es capaz de vivir bajo un mayor rango de condiciones climáticas. *Pinus nigra* ocupa normalmente afloramientos rocosos, crestones y laderas escarpadas donde los suelos no están muy evolucionados. Tiene la capacidad de colonizar terrenos desfavorables y desempeña un papel importante en la formación de suelo (REGATO & ESCUDERO, 1989). Las masas de pino negro en la Serranía de Cuenca son de las más grandes y mejor conservadas de la Península Ibérica (MONERO *et al.*, 2010).

En la zona también se pueden observar especies como *Acer monpessulanum* L., *Sorbus aria* (L.) Crantz y *Quercus humilis* Mill. En el estrato arbustivo encontramos *Amelanchier ovalis* Medik., *Prunus mahaleb* L., *Buxus sempervirens* L. y *Rhamnus saxatilis* (Host.) Sibth & Sm. Entre las especies herbáceas destacan las orquídeas *Cephalanthera rubra* (L.) Rich., *C. damasonium* (Mill.) Druce, *C. longifolia* (L.) Fritsch y *Orchis morio* L., además de ejemplares de *Lathyrus filiformis* (Lam.) Gay, *Hepatica nobilis* L., *Tanacetum corymbosum* (L.) Sch. Bip., *Geranium sanguineum* L. y *Helleborus foetidus* L. (CERRO & LUCAS, 2007).

En el pinar que conforma la zona de muestreo se produjo un incendio el 21 de agosto de 1991 que afectó a 185 hectáreas de bosque. En el momento del muestreo (diciembre de 2002), algunos árboles aún tenían la corteza quemada, pero la parte superior de las copas estaba intacta. En la zona afectada no había hojarasca y el suelo carecía de diferenciación de horizontes. La vegetación estaba principalmente compuesta por *Pinus nigra* y *Quercus ilex*, cuya regeneración es lenta. También se observaban ejemplares de *Thymus vulgaris* L., *Satureja intricada* Lange in Vidensk, *Salvia lavandulifolia* Vahl, *Aphyllantes monspeliensis* L. y *Fumana ericoides* (Cav.) Gand. in Magnier (CERRO & LUCAS, 2007).

3.4 CLIMATOLOGÍA

El clima de la serranía se caracteriza por ser de tipo mediterráneo, moderado por la altitud y el efecto orográfico de su relieve, que lo expone a los vientos húmedos del oeste. Además, presenta rasgos de cierta continentalidad. Las precipitaciones alcanzan su máximo en otoño, siendo noviembre el mes más lluvioso. Las temperaturas son más frías en invierno mientras que el verano no es excesivamente cálido, siendo julio el mes más caluroso (DOMÍNGUEZ-FONTANA, 2011). La temperatura media anual es de 11,5°C, y las precipitaciones de 583 mm, siendo el promedio de lluvia estival de 96 mm (RIVAS-MARTÍNEZ, 1987).

4. MATERIAL Y MÉTODOS

4.1 RECOLECCIÓN DE MUESTRAS

El muestreo se realizó entre los días 14 y 15 de diciembre de 2002, por lo que se corresponde al muestreo de otoño (O). Se han estudiado 30 muestras, de las cuales 11 pertenecen a suelo natural (N), 14 corresponden a muestras de suelo incendiado (I), y 5 a la zona de borde (B).

Se seleccionaron tres parcelas separadas al menos por 50 m: una de bosque natural (N), otra de bosque incendiado (I) y otra de zona de transición o borde (B). En cada una se recogieron 6 muestras de los diferentes tipos de suelo (natural, incendiado y borde). Para ello, se localizaron árboles o tocones que permaneciesen en la zona tras el incendio y se estableció la zona de extracción a 2 metros de distancia del pie. En cada uno de los puntos se tomó una muestra de hojarasca (H), cuando ésta estaba presente, una en superficie (S) y otra en profundidad (P). Cuando se encontró musgo en la zona natural, se retiró antes de tomar la muestra.

Las muestras se recolectaron sobre una superficie de 10x10 cm y contienen un volumen de 500 cc de material. Después, se numeraron del 1 al 6 y se midió la temperatura ambiental y la del suelo haciendo uso de un termómetro.

4.2 EXTRACCIÓN, PREPARACIÓN E IDENTIFICACIÓN DE LOS EJEMPLARES

La extracción de los ejemplares se llevó a cabo mediante el sistema Berlese-Tüllgren. La muestra de tierra se colocó en un tamiz sobre un embudo, por encima del cual se mantuvo un foco de luz permanente incidiendo sobre la muestra durante 15 días. La fauna edáfica tiende a huir de la luz y la sequedad, ya que viven en un entorno oscuro y húmedo, por lo que traspasan el tamiz y descienden por el embudo hasta caer en un recipiente con alcohol al 70%, que actúa como conservante (BARRIENTOS, 2004) **(figura 3).**

Posteriormente, se separó la fauna de la muestra con la ayuda de un pincel y una lupa binocular Olympus, a 150X. Los ejemplares separados por órdenes e introducidos en tubos con alcohol al 70% se etiquetaron para poder preservarlos para futuros estudios taxonómicos.

Para la preparación de los colémbolos, es necesario sumergirlos previamente en ácido láctico durante al menos una semana. Este compuesto ablanda los tejidos y la musculatura a la vez que aclara la cutícula del animal, facilitando la observación de las estructuras necesarias para la identificación a nivel de especie (PALACIOS-VARGAS & MEJÍA, 2007).

Figura 3. Aparato con embudos del sistema Berlese-Tullgren, para la extracción de la fauna edáfica.

A continuación, los ejemplares se montaron en preparaciones semipermanentes empleando líquido de montaje Höyer (H_2O destilada, hidrato de cloral, glicerina y goma arábiga). Para la identificación, se utilizó un microscopio de contraste de fases con los aumentos de 400 y 1000, debido a que muchos de los caracteres y estructuras básicas no se aprecian con aumentos inferiores. Se emplean manuales y claves dicotómicas para la identificación taxonómica (BARRIENTOS, 2004; DINDAL, 1990; JORDANA & ARBEA, 1989; JORDANA *et al.*, 1997; POTAPOW, 2001), además de bibliografía especializada.

4.3 ANÁLISIS DE DATOS

4.3.1 ÍNDICES DE DIVERSIDAD

Para realizar un estudio comparativo de las comunidades de Colémbolos presentes en los diferentes niveles de suelo de todos los puntos muestreados tanto de bosque natural como incendiado, se han utilizado distintos índices de diversidad apropiados para los estudios a nivel específico.

Índice de Shannon-Wiener (H = -Σpi • ln pi). Es una medida utilizada para evaluar la biodiversidad específica, ya que tiene en cuenta tanto el número de especies como su abundancia relativa en una comunidad. Proporciona información sobre la heterogeneidad de la comunidad y el grado de incertidumbre asociado a la selección aleatoria de individuos (PLA, 2006).

Los valores del índice de Shannon-Wiener varían entre cero, cuando solo hay una especie presente, y el logaritmo del número de especies, cuando todos los grupos están representados por el mismo número de individuos (MAGURRAN, 1988; MORENO 2000). Cuando el índice se acerca a cero, indica que una comunidad tiene poca diversidad y una especie predomina sobre las demás mientras que, a medida que el índice se acerca al logaritmo del número de especies, la comunidad es más diversa y todas las especies tienen una presencia equitativa.

Riqueza específica (Hmáx = ln S). Proporciona una medida basada únicamente en el número de especies presentes en una muestra. Cuanto mayor sea el valor de Hmáx, mayor será la riqueza específica. La diversidad máxima se logra cuando todas las especies están igualmente representadas. Sin embargo, este índice no tiene en cuenta la importancia relativa de cada especie (PLA, 2006).

Índice de equidad de Pielou (J = H/Hmáx). Es una medida que indica la proporción de diversidad observada en relación con la máxima diversidad esperada. El rango de valores del índice oscila entre 0 y 1. Un valor de 1 indica que todas las especies presentes en la muestra son igualmente abundantes, lo que implica una distribución perfectamente equitativa. Este escenario se logra cuando todas las especies tienen el mismo número de individuos (MAGURRAN, 1988; MORENO 2000).

Índice de dominancia de Simpson ($\lambda = \Sigma pi^2$). Medida que proporciona información sobre la probabilidad de que dos individuos seleccionados al azar sean de la misma especie. Es inversamente proporcional a la equidad y está influenciado por la importancia de las especies dominantes (MAGURRAN, 1988; MORENO 2000). Un valor de 1 indica una baja diversidad y una alta dominancia, mientras que a medida que el índice aumenta, la diversidad disminuye.

4.3.2 ANÁLISIS MULTIVARIANTES

Con todos los datos obtenidos se realiza una serie de análisis estadísticos multivariantes utilizando el paquete estadístico SPSS 28.0. Los tres tipos de análisis se llevaron a cabo con los distintos grupos de fauna edáfica separados, y posteriormente con las distintas especies de colémbolos.

Índice de Correlación de Spearman. El coeficiente mide el grado de relación o asociación que suele existir entre dos variables aleatorias (RESTREPO & GONZÁLEZ, 2007). Se utiliza cuando nos encontramos ante el análisis de variables que tienen naturaleza discreta cuantitativa y/o están jerarquizadas (SALINAS, 2007).

Análisis de Componentes Principales. Es una técnica estadística-algebraica de reducción de número de variables, que busca resumir y organizar la información presente en una matriz de datos. El proceso implica transformar la matriz de datos en un espacio vectorial, donde se buscan ejes o dimensiones que sean combinación lineal de las variables introducidas (COLINA & ROLDÁN, 1991).

Análisis Discriminante. Se utiliza para clasificar correctamente a los sujetos u objetos y ayuda a identificar las variables más relevantes para una clasificación precisa (TORRADO & BERLANGA, 2013). Las variables que se han tomado como agrupadoras son: el estado del ecosistema (natural/quemado/borde), y la estación (otoño/invierno) únicamente para el estudio de la fauna edáfica.

5. RESULTADOS

ESTUDIO DE LA FAUNA EDÁFICA

5.1 ESTUDIO FAUNÍSTICO

Se ha encontrado un total de 11812 individuos pertenecientes a 21 grupos taxonómicos diferentes, cuya distribución, según la zona de la que se obtuvo la muestra, se puede observar en las tablas **1, 2 y 3 del anexo**.

En este apartado se analizan las características biológicas y ecológicas más representativas de los grupos clasificados.

FILO ARTHROPODA

Subfilo Chelicerata

Orden Acari. Es uno de los grupos de fauna edáfica más representativos y abundantes. Su diversidad específica es alta debido a la gran variabilidad de formas de vida que presentan y a las diferentes condiciones ambientales en las que pueden sobrevivir. Es por esto por lo que pueden ser utilizados como bioindicadores de perturbación del ecosistema (SOCARRÁS, 2013).

El suborden **Oribátidos** (*Cryptostigmata*) es uno de los grupos más comunes encontrados en los horizontes orgánicos de la mayoría de las regiones del mundo. Estos ácaros son más abundantes en suelos forestales poco perturbados por la actividad humana, generalmente con un pH bajo (PETERSEN, 2002; ARROYO *et al.*, 2003). Contribuyen a la descomposición de la materia orgánica fragmentándola y facilitando la acción de los microorganismos (SOCARRÁS, 2013). Algunas especies migran hacia la hojarasca o nivel de fermentación en invierno y se distribuyen en grupos en función de la cantidad de nutrientes disponibles (DINDAL, 1990).

Orden Pseudoscorpionida. Son animales depredadores que regulan las poblaciones de microfauna y mesofauna del suelo, alimentándose de ácaros y colémbolos entre otros (PARISI, 1979). Viven en diversos ambientes, generalmente humícolas, como debajo de cortezas de árboles, en hongos, sobre musgos y hojarasca, en hendiduras del suelo y rocas (BARRIENTOS, 2004; VILLEGAS-GUZMÁN & PÉREZ, 2005).

Subfilo Hexapoda

Orden Coleoptera. Es el orden con más especies del reino animal, y con una gran diversidad morfológica (CROWSON, 1981). Incluye especies acuáticas y terrestres. Éstas últimas suelen habitar en árboles, arbustos, hierba, musgos o líquenes. Sus fuentes de alimentación son muy diversas: plantas, materia orgánica en descomposición o de otras especies. Algunos constituyen plagas, siendo las larvas las que más daño causan a los cultivos, y otros establecen relaciones de ectosimbiosis con hongos, ácaros y nematodos (ALONSO-ZARAZAGA, 2015). Se han encontrado tanto individuos adultos como ejemplares en estado larvario.

Orden Collembola. Son el grupo más numeroso en la edafofauna, junto con los ácaros. Se alimentan de restos vegetales y materia orgánica en descomposición (RICHARDS & DAVIES, 1984), por lo que desempeñan un papel crucial en el reciclaje de nutrientes y favorecen la descomposición bacteriana y fúngica (LUCIÁÑEZ & INIESTO, 2006). Además, pueden alimentarse de hongos patógenos disminuyendo sus poblaciones y favoreciendo el crecimiento de las plantas (SOCARRÁS, 2013). Suelen encontrarse entre la hojarasca del suelo o bajo la corteza de los árboles, y su población aumenta con temperaturas frías (DINDAL, 1990). En consecuencia, han desarrollado diversas estrategias, incluyendo ecomorfosis y ciclomorfosis, para adaptarse a condiciones extremas de temperatura y humedad, así como a variaciones estacionales (CUTZ-POOL *et al.*, 2003; ARBEA & BLASCO-ZUMETA, 2001). Al requerir de unas condiciones muy específicas de temperatura, humedad y pH, pueden ser utilizados como indicadores de la calidad ambiental del suelo y pueden revelar información acerca de la evolución de los ecosistemas con diferentes grados de perturbación (SOCARRÁS, 2013).

Orden Dermaptera. Son animales omnívoros, aunque algunas especies pueden ser depredadoras. Pueden encontrarse durante todo el año en función del clima, aunque prevalecen en junio y septiembre (HERRERA, 2015).

Orden Diptera. Son animales cosmopolitas que se pueden encontrar tanto en hábitats terrestres como dulceacuícolas, siendo uno de los grupos que presenta más diversidad ecológica (HJORTH-ANDERSEN, 2015). La dieta de larvas y adultos, así como el ambiente en el que viven es muy variable. Al igual que en el orden Coleoptera, en las muestras estudiadas hay tanto individuos adultos como larvas.

Orden Embioptera. Sus tarsos anteriores modificados equipados con glándulas productoras de seda les permiten crear galerías de seda que sirven como refugio para las hembras que permanecen junto a los huevos y las ninfas. Algunos estudios sugieren que los machos adultos no se alimentan, mientras que las ninfas y las hembras se alimentan de hojarasca, cortezas de árbol, líquenes o musgos (TORRALBA-BURRIAL, 2015).

Orden Hemiptera. Constituyen el orden de insectos paurometábolos más amplio. La mayor parte son fitófagos, pero puede haber especies depredadoras (CHANDRA, 2008). Habitan entre la hojarasca, piedras o en grietas del sustrato y contribuyen a la fragmentación de la capa orgánica mediante la excavación de túneles, la fragmentación de hojas o la succión de raíces (ALVARADO & SELGA, 1961; GOULA & MATA, 2015).

Orden Hymenoptera. Orden muy diversificado que cuenta con especies tanto fitófagas como depredadoras o parásitas (PUJADE-VILLAR & FERNÁNDEZ GUYABO, 2004). La gran parte de los ejemplares encontrados pertenecían a la familia Formicidae, las hormigas, que constituyen un eslabón muy importante en el ecosistema edáfico, siendo muchas especies capaces de seleccionar determinadas condiciones de temperatura y humedad (RUIZ, 1999), además pueden utilizarse como bioindicadores de la calidad del suelo dada su importancia a la hora de fomentar procesos edáficos esenciales para su formación y evitar su degradación (DORAN *et al.*, 1994).

Orden Protura. Animales cosmopolitas y exclusivamente edáficos. Viven en zonas ricas en materia orgánica y con alta humedad, en los estratos más profundos, por lo que no suelen verse expuestos a la alteración de los estratos superiores (DINDAL, 1990; BARRIENTOS, 2004; SOCARRÁS, 2013). Algunos de estos animales pueden alimentarse de micorrizas.

Orden Psocoptera. Habitan entre la hojarasca, los troncos de árboles, la materia orgánica del suelo, hongos y líquenes, que constituyen básicamente su dieta (RICHARDS & DAVIES, 1984). Son abundantes en condiciones de sequía y son pioneros en la recolonización de áreas alteradas o perturbadas, por lo que indican una recuperación progresiva del suelo (SOCARRÁS, 2013).

Orden Thysanoptera. Habitan sobre vegetación, corteza de los árboles o restos vegetales en descomposición. Las especies depredadoras regulan las poblaciones naturales tanto de tisanópteros como de otros órdenes (MCGAVIN, 2001), aunque también se pueden encontrar especies que se alimentan de hojas, polen o savia del interior de los tejidos vivos de la planta (RICHARDS & DAVIES, 1984). Algunas especies actúan como polinizadores, moviéndose dentro de la propia planta, entre plantas adyacentes o siendo transportados por el viento hacia otra planta (GOLDARAZENA, 2015).

Subfilo Myriapoda

Clase Chilopoda. Son animales depredadores que residen en el suelo en lugares oscuros, como debajo de la hojarasca, troncos caídos o rocas. En las muestras analizadas solo se encontraron individuos del orden ***Geophilomorpha,*** animales excavadores y mayoritariamente carnívoros, aunque su dieta también puede incluir vegetación (VOIGTLANDER, 2001).

Clase Pauropoda. Son animales poco comunes, ya que no toleran grandes variaciones ambientales y son muy sensibles a las prácticas agrícolas (SOCARRÁS, 2013). Se pueden encontrar en troncos de árboles, hojarasca del suelo, musgos o bajo piedras, lugares con temperaturas y humedad estable (SCHELLER, 1990). Se alimentan de restos orgánicos (**figura.4**).

Figura 4. Morfotipo de un Paurópodo (imagen izquierda). Morfotipo de un Sinfilo(derecha). Destaca la morfología euedáfica de ambos grupos característicos de suelos profundos (Paurópodo: tomado de inaturalist.org. Even Dankowicz (algunos derechos reservados). (Sinfilo: tomado de https://encyclopediaofarkansas.net/)

Clase Symphyla. Se alimentan de materia orgánica en descomposición, por lo que tienen un papel muy importante en el ecosistema edáfico, aunque algunos son fitófagos y pueden ser considerados plagas para los cultivos (DINDAL, 1990). Estos animales tienen un cuerpo frágil por lo que a veces utilizan galerías y túneles construidos por otros animales, y viven en el humus, suelo, hojarasca, musgo o madera en descomposición.

Clase Diplopoda. En este estudio se identificaron especímenes de dos órdenes: **Julida** y **Polyxenida**. Los júlidos son herbívoros y se encuentran comúnmente en zonas con elevada humedad, debajo de rocas, troncos y hojas, donde contribuyen a la fragmentación de restos vegetales (BARRIENTOS, 2004). Los polixénidos son también fitófagos, pero son más comunes en ambientes secos, bajo la corteza de los árboles y las piedras (WRIGHT & WESTH, 2006).

FILO ANNELIDA

Subclase Oligochaeta. Estos animales juegan un papel fundamental en el ecosistema edáfico ya que mejoran la fertilidad del suelo al modificar las características físicas, químicas y biológicas, cambiando la textura y participando en la descomposición de la materia orgánica y la regulación de los ciclos biogeoquímicos (EGERT *et al.*, 2004). Gracias a su actividad, airean el sustrato y favorecen la entrada de agua.

FILO NEMATODA

Estos organismos son consumidores de microflora o saprófitos, lo que influye en la descomposición y liberación de nutrientes (NAVIA *et al.*, 2006). Es el filo más abundante de la fauna edáfica (ZANCADA & SÁNCHEZ, 1994), sin embargo, solo se encontraron 3 ejemplares debido a que el embudo de Berlese **(figura 3)** recoge principalmente ejemplares que viven del oxígeno del aire del suelo y no del agua, como este grupo de animales.

5.2 ANÁLISIS NUMÉRICO DE LOS GRUPOS DE FAUNA EDÁFICA

Se analizaron los 11812 ejemplares correspondientes a las 30 muestras de otoño. De ellos, 7497 individuos corresponden a 17 grupos taxonómicos distintos recogidos en el suelo natural, constituyendo el 63,47% del total.

En el suelo quemado se obtuvieron 2375 ejemplares de 14 grupos taxonómicos, lo que equivale al 20,11% del total, y en la zona de borde o de transición se estudiaron 1940 ejemplares pertenecientes a 12 grupos taxonómicos, lo que representa el 16,42%.

Los ácaros constituyen el grupo más numeroso, representando el 80,63% del total, y los colémbolos representan el 17,08%, por lo que conjuntamente equivalen al 97,71% de todos los ejemplares encontrados. En la **figura 5** se presenta el recuento de ácaros, colémbolos y otros animales según los distintos tipos de bosque (natural, incendio o borde).

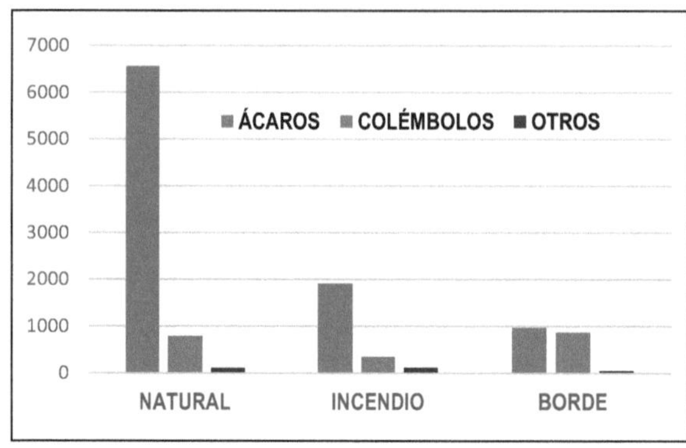

Figura 5. Representación del número de ácaros, colémbolos y otros grupos taxonómicos según el tipo de bosque (natural, incendio o borde).

Se observa que mientras en el bosque natural dominan notablemente los ácaros, en la zona de transición las comunidades de ácaros y colémbolos son prácticamente iguales en abundancia. El resto de los grupos taxonómicos se observan principalmente en las muestras de suelo natural y suelo quemado, siendo ligeramente superior en la zona incendiada.

La **figura 6** muestra el recuento de ejemplares para cada grupo taxonómico, excluyendo a los ácaros y colémbolos. Los paurópodos destacan como el orden más abundante, representando el 27,61% del total, siendo más abundantes en el suelo quemado. Los siguientes grupos más numerosos son las larvas tanto de dípteros (19,03%) como de coleópteros (9,33%) y los sínfilos (12,69%).

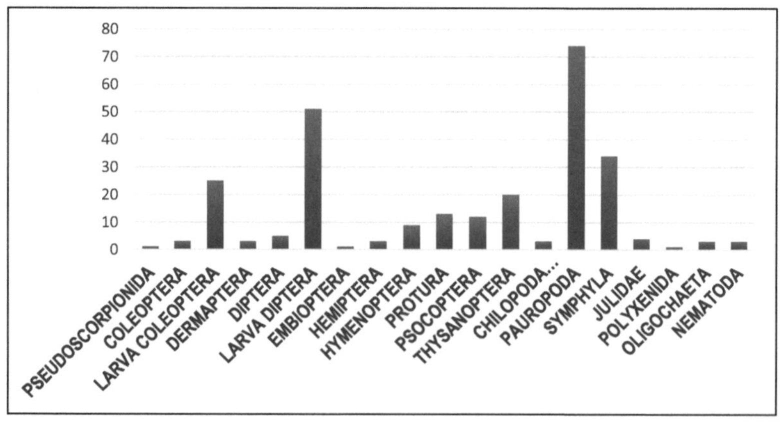

Figura 6. Número de ejemplares totales por grupos faunísticos encontrados.

5.3 ANÁLISIS ESTADÍSTICO DE LOS GRUPOS DE FAUNA EDÁFICA

5.3.1 ÍNDICE DE CORRELACIÓN DE SPEARMAN

En la **tabla 4 del anexo** se puede encontrar un listado con las correlaciones significativas obtenidas tras el análisis de correlación de Spearman entre los diferentes grupos de fauna muestreados en otoño. Aunque se representan todas las correlaciones significativas, merece la pena señalar el valor entre pseudoescorpiones y polixénidos (1), entre colémbolos y psocópteros (0,51), y la correlación negativa entre ácaros y quilópodos (-0,388). La temperatura no se correlaciona significativamente con ningún grupo de edafofauna.

5.3.2 ANÁLISIS DE COMPONENTES PRINCIPALES

La **figura 7** muestra la representación gráfica del análisis de componentes principales para la fauna del suelo. El primer componente, representado en el eje X, absorbe el 15,99% de la varianza, y el segundo, en el eje Y, el 11,37%. La extracción acumulada total de los 4 primeros componentes fue del 46,72%.

El gráfico representado distribuye los grupos de fauna según su presencia y abundancia en el bosque natural, el borde y la zona incendiada. Se puede observar que en la región positiva del eje X se encuentran los órdenes más abundantes en el bosque quemado, como los sínfilos o los paurópodos. Los organismos del bosque natural, como los colémbolos o los ácaros, se encuentran distribuidos especialmente en la zona negativa de los dos ejes. Los individuos más abundantes en el borde o zona de transición, como los psocópteros o los quilópodos, están próximos al eje en la región negativa del eje X.

5.3.3 ANÁLISIS DISCRIMINANTE

El análisis discriminante utiliza como variable agrupadora el estado del suelo (natural, borde o incendio) y selecciona varios grupos de fauna discriminantes:

colémbolos, paurópodos, ácaros y oligoquetos. Los tres primeros se obtienen como discriminantes por su mayor abundancia en el suelo quemado en relación con los otros grupos de fauna. Colémbolos y ácaros son dominantes, salvo excepciones, en cualquier suelo. Los oligoquetos se seleccionan como grupo característico de la zona de transición.

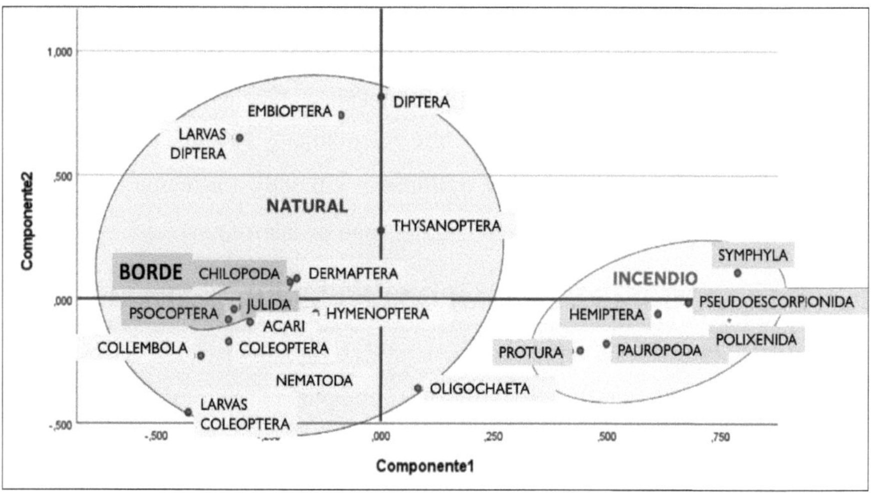

Figura 7. Representación gráfica del análisis de componentes principales de la fauna edáfica del muestreo de otoño para los dos primeros componentes.

ESTUDIO DE LA FAUNA DE COLÉMBOLOS

5.4 ESTUDIO DE LAS COMUNIDADES DE COLÉMBOLOS

Se han recolectado 2110 colémbolos pertenecientes a 11 familias y 33 especies. De ellos, 833 ejemplares de 20 especies pertenecen al bosque natural, 350 de 20 especies al bosque quemado, y 927 ejemplares de 19 especies a la zona de transición entre ambos. Las **tablas 5, 6 y 7 del anexo** muestran la abundancia de las especies en cada una de las muestras estudiadas.

5.4.1 ESTUDIO FAUNÍSTICO

Debido a la gran adaptación que las especies de colémbolos presentan respecto al hábitat en el que viven, conviene exponer una breve sinopsis sistemática de las especies encontradas, comentando brevemente su ecología y distribución.

FAMILIA HYPOGASTRURIDAE (BÖRNER, 1906)

***Ceratophysella tergilobata* (Cassagnau, 1954)**

Especie hemiedáfica poco frecuente pero recolectada en una gran diversidad de bosques diferentes, desde encinares o sabinares hasta eucaliptales (LUCIÁÑEZ & INIESTO, 2006). Se encuentra como especie dominante en pinares de *P. pinaster* Aiton, en la Sierra de Gredos. Se adapta fácilmente a condiciones extremas de sequedad mediante el desarrollo de estructuras cuticulares de protección (JORDANA *et al.*, 1997). Se la considera también trogloxena mediterránea (ARBEA *et al.*, 2021).

Presente en Europa y parte de Asia Oriental. En España hasta ahora ha sido citada en Tamajón (SIMÓN, 1985), Fuentelahiguera (LUCIÁÑEZ & SIMÓN, 1987), Navarra (ARDANAZ & JORDANA, 1983), Arenas de San Pedro en Gredos (LUCIÁÑEZ & INIESTO, 2006) y Andalucía.

***Hypogastrura purpurescens* (Lubbock, 1868)**

Especie de amplia distribución y ecología ubiquista. Se ha encontrado bajo cortezas, troncos, praderas, suelos cultivados, pinares, robledales, y en la hojarasca de los bosques. Se ha encontrado en ambientes cavernícolas (ARBEA *et al.*, 2021). Presenta una distribución cosmopolita.

***Microgastrura duodecimoculata* Stach, 1922**

Se trata de una especie hemiedáfica aunque puede profundizar en el sustrato y se adapta igualmente al ambiente cavernícola. Hallada en bosques de diversos árboles tales como cedros, pinos o alcornoques, así como en suelos con humus y hojarasca (LUCIÁÑEZ & SIMÓN, 1989).

Se distribuye por toda Europa.

***Xenylla schillei* Börner, 1903**

Especie hemiedáfica que tiende a encontrarse en las capas superficiales del suelo, así como en musgos de prados y bosques caducifolios (JORDANA *et al.*, 1990). Es típica de ambientes abiertos.

Se ha encontrado la especie en Europa central y meridional. Está ampliamente distribuida por la Península Ibérica (JORDANA *et al.*, 1997).

***Xenyllogastrura octoculata* (Steiner, 1955)**

Abundante en suelos, musgos y líquenes tanto en bosques especialmente pinares, como en prados. Se trata de una especie euedáfica asociada a suelos calcáreos, y de entorno mediterráneo (JORDANA *et al.*, 1990). Se puede encontrar en el suelo, musgos o líquenes en bosques y praderas.

Especie de distribución sur-europea y mediterránea. En la Península Ibérica se encuentra en la mitad norte siendo su localidad tipo Aranjuez.

FAMILIA BRACHYSTOMELLIDAE STACH, 1949

***Brachystomella parvula* (Schäffer, 1896)**

Vive en zonas húmedas y espacios abiertos, pinares jóvenes y bosques aclarados (LUCIAÑEZ, 1990). Es una especie que resiste bien la sequedad (GAMA *et al.*, 1989) y puede sobrevivir durante periodos largos de tiempo en estado de anhidrobiosis (ARBEA & BLASCO-ZUMETA, 2001). Puede encontrarse en cuevas de forma accidental (ARBEA *et al.*, 2021).

Se trata de una especie cosmopolita.

FAMILIA NEANURIDAE (BÖRNER, 1901)

***Friesea steineri* Simón, 1975**

Se ha encontrado en hojarasca de robledales, en sabinares, tomillares y prados de gramíneas, hojarasca de encinas y jaras en dehesas.

Especie endémica de la Península Ibérica, en su región central y meridional (JORDANA *et al.*, 1997).

***Bilobella aurantiaca* (Caroli, 1912)**

Especie encontrada en diversos tipos de bosques prefiriendo áreas que no sean muy húmedas y siendo capaz de resistir períodos de sequía. Puede encontrarse en musgos, hojarasca y suelos de masas forestales que incluyan pinos, encinas o alcornoques entre otros (DALLAI, 1973; JORDANA *et al.*, 1997). Presenta distribución paleártica y mediterránea.

***Micranurida pygmaea* Börner, 1901**

Especie holártica encontrada en localidades de montaña baja asociada a pinares. RUSEK (1998) y JORDANA *et al.* (1997) la citan de ambientes forestales ácidos.

Distribuida principalmente por el norte y el centro de la Península Ibérica, aunque también se ha encontrado en las islas Baleares.

Pseudachorudina sp.

No se ha podido llegar a nivel de especie ya que se trata de un ejemplar joven que no tiene bien desarrolladas aún las estructuras necesarias para su identificación.

***Pseudachorutes parvulus* Börner, 1901**

Habita las capas superficiales de hojarasca (POTAPOW *et al.,* 2016), musgos, líquenes y bajo cortezas. Tiene la capacidad de sobrevivir en estado de anhidrobiosis (ARBEA & BLASCO-ZUMETA, 2001) por lo que se adapta a las condiciones extremas de los biotopos. Su distribución es cosmopolita.

***Simonachorutes romeroi* (Simón, 1986)**

Ha sido encontrada asociada a la hojarasca de bosques de *Juniperus thurifera*, y matorrales de *Genista scorpius, Echinospartum horridum* y *Buxus sempervirens*. Es una especie de distribución ibérica.

FAMILIA ODONTELLIDAE MASSOUD, 1967

***Odontellina nivalis* (Cassagnau, 1959)**

Es un animal euedáfico, aunque la morfología de sus piezas bucales estiliformes, les permite otro tipo de alimentación de tipo suctor (ARBEA, 1988). De distribución mediterránea, europea.

***Superodontella selgae* (Arbea, 1990)**

Se ha encontrado en hojarasca y humus de brezal, helechos, y en bosque de alerces. Se trata de una especie ibérica, distribuida en la mitad norte de España.

FAMILIA ONYCHIURIDAE BÖRNER, 1901

***Protaphorura armata* (Tullberg, 1869)**

Especie euedáfica, se localiza tanto en prados como en masas forestales. Posiblemente de distribución cosmopolita.

FAMILIA TULLBERGIIDAE BAGNALL, 1935

***Mesaphorura macrochaeta* Rusek, 1976**

Es una especie euedáfica y cosmopolita (**figura 8**). Habita en suelos ácidos con poca actividad biológica, en prados secos, bosques de coníferas y robledales o zonas alpinas (LUCIÁÑEZ & INIESTO, 2006). Se considera troglófila (ARBEA *et al*., 2021). Tiene posiblemente distribución cosmopolita. En la Península Ibérica se puede encontrar en casi cualquier región.

Wankeliella medialis Simón & Jordana, 1994

Especie euedáfica, habitante de suelos profundos podzólicos en claros de hayedo. Se trata de una especie endémica de la Península Ibérica, siendo ésta la segunda cita después de la descripción en la Sierra de Urbasa en Navarra.

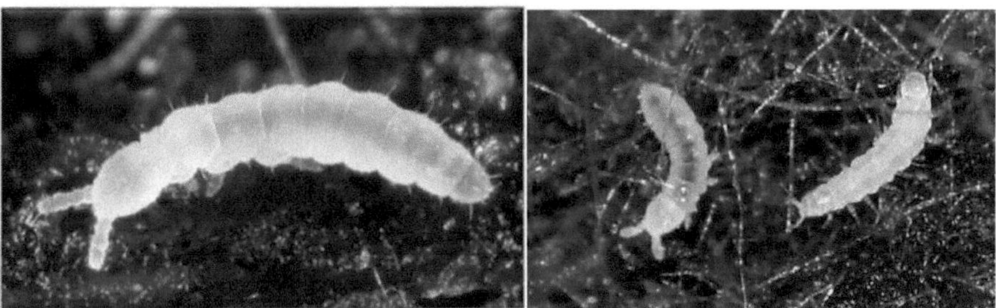

Figura 8. Morfotipo de *Mesaphorura macrochaeta* (imagen de la izquierda). En la derecha, individuo de la familia Onychiuridae junto a un Paurópodo (tomado de bugguide.net. Copyright212 Josh D. Kouri).

FAMILIA ENTOMOBRYIDAE SCHAËFER, 1896

Entomobrya multifasciata (Tullberg, 1871)

Especie mesófila hemiedáfica y atmobia. Es una especie rara de encontrar en vegetación nativa, y por ello se recoge frecuentemente en pastos, y suelos alterados (FJELLBERG, 2007). Especie de distribución es cosmopolita.

Entomobrya nicoleti (Lubbock, 1868)

Vive en hojarasca y suelo de bosques. De distribución paleártica, aunque posiblemente sea más amplia (FJELLBERG, 2007).

Lepidocyrtus lusitanicus Gama, 1964

Habitualmente aparece en bosques de cedros, eucaliptos, acacias, pinares, piornales y sobre el musgo (LUCIÁÑEZ & SIMÓN, 1989). Los ejemplares viven sobre vegetación herbácea o en suelo. Pueden habitar varios tipos de vegetación herbácea de bosque o playa, y un rango altitudinal muy amplio (desde el nivel del mar hasta los 1800 metros sobre el nivel del mar) (MATEOS, 2008). Su distribución se restringe a la Península ibérica.

Pseudosinella sp.

El género es euedáfico. El ejemplar encontrado podría ser una nueva especie (posee 4+4 ojos). Es juvenil y por ello no se han desarrollado ciertas estructuras necesarias para la identificación.

FAMILIA ORCHESELLIDAE BÖRNER, 1906

***Heteromurus major* (Moniez, 1889)**

Tienen una tendencia troglofila por lo que se pueden hallar bajo piedras u hojarasca, y suelen habitar en bosques de distintas especies. Parece encontrarse con mayor frecuencia en bosques de fagáceas (LUCIÁÑEZ & SIMÓN, 1989; LUCIÁÑEZ & INIESTO, 2006).

Se distribuye por Europa y la región mediterránea.

FAMILIA ISOTOMIDAE (BÖRNER, 1913)

***Ballistura navacerradensis* (Selga, 1962)**

Es una especie psamófila. Citada en praderas, biotopos costeros y dunas.

Distribución europea.

***Folsomides parvulus* Stach, 1922**

Xerófila, aunque también se ha citado en bosques y praderas. Puede sobrevivir en estado de anhidrobiosis (ARBEA & BLASCO-ZUMETA, 2001).

Distribución cosmopolita (BABENKO *et al.*, 2019).

***Hemisotoma thermophila* (Axelson, 1900)**

Especie tolerante a variación ambiental, xerófila, nitrófila y termófila (ARBEA & JORDANA, 1990; ARBEA & BLASCO-ZUMETA, 2001). Habita preferentemente las capas superficiales, pero también puede ser vista en los primeros centímetros de suelo mineral (ARBEA & JORDANA, 1990) Según FJELLBERG (2007) abunda en ambientes con gran contenido en materia orgánica (**figura 9**). Especie cosmopolita.

Isotoma viridis **Bourlet, 1839**

Se encuentra en hojarasca y suelo de bosques, en tierras de cultivo. Abunda en robledales. Especie holártica (BABENKO *et al.*, 2019).

Isotomiella minor **(Schäffer, 1896)**

Especie euedáfica (POTAPOW *et al.*, 2016) y sensible a contaminantes (POTAPOW, 2001). Es acidofóbica aunque puede habitar biotoos muy diversos (LUCIÁÑEZ & SIMÓN, 1989; RUSEK, 1998). También se encuentra asociada al medio cavernícola. Es una especie cosmopolita.

Isotomodes bisetosus **Cassagnau, 1959**

Especie holártica y euedáfica típica de zonas alteradas (FJELLBERG, 2007). Se ha encontrado en la Sierra de Guadarrama (LUCIÁÑEZ & SIMÓN, 1991) y Navarra (JORDANA *et al.*, 1997) entre otros.

Isotomurus sp.

Organismos epígeos, higrófilos o acuáticos, que se pueden alimentar de algas y pueden sobrevivir a la desecación (RUSEK, 1998). Este género se encuentra comúnmente en prados húmedos, zonas montañosas, lagos y ríos. Sin embargo, también se ha registrado su presencia en pinares, sabinares y robledales (LUCIAÑEZ, 1990).

Los ejemplares de la especie encontrados son formas juveniles por lo que no se ha podido identificar la especie.

Parisotoma notabilis **(Schäffer, 1896)**

Especie holártica y hemiedáfica que puede vivir tanto en condiciones naturales como en zonas alteradas (POTAPOW *et al.*, 2016).

Posee una distribución cosmopolita.

Tetracanthella pilosa **Schött, 1891**

Vive en musgos sobre roca y troncos de árboles en tierras bajas y zonas montañosas suaves. Especie holártica, europea según POTAPOW (2001) (**figura 9**).

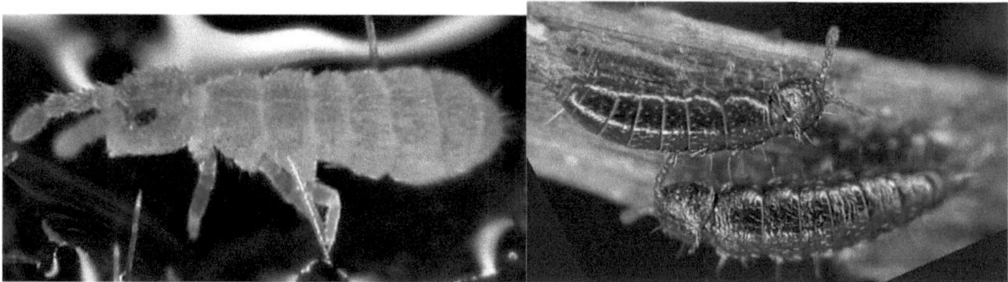

Figura 9. *Hemisotoma thermophila* (Fuente: collembola.org Garcelon, P.). *Tetracanthella pilosa* (Fuente: collembola.org Huskens, M.L.)

FAMILIA NEELIDAE FOLSOM, 1896

Megalothorax minimus **Willem, 1900**

Especie de distribución cosmopolita, euedáfica y troglófila, adaptada a vivir en los estratos más profundos del suelo. Es típica de suelos forestales y se ha encontrado en la hojarasca de coníferas, musgos de hayedos, robledales y pinares (BONNET *et al.*, 1979).

FAMILIA SMINTHURIDIDAE BOERNER, 1906

Sphaeridia pumilis **(Krausbauer, 1898)**

Especie hemiedáfica y mesófila, que habita tanto la hojarasca como el suelo. Vive en ambientes húmedos, hojarasca y suelo de bosques, como bosques lluviosos, o en ambientes acuáticos, y sobrevive a periodos de sequía en estado de huevo (ARBEA & BLASCO-ZUMETA, 2001; FJELLBERG 2007). Distribución holártica.

5.4.2 ESTUDIO NUMÉRICO

La especie más abundante es *Tetracanthella pilosa*, que constituye el 34,80% del total. Le siguen en abundancia *Mesaphorura macrochaeta* (20,35%) y *Ceratophysella tergilobata* (11,38%). Estas tres especies representan el 66,53% de los individuos recolectados.

En la **tabla 1** se presentan las especies más abundantes (en términos de abundancia relativa) en cada uno de los ecosistemas estudiados.

Tabla 1. Abundancia relativa de las especies más abundantes por tipo de bosque.

Natural		Incendio		Borde	
Especie	**Abundancia**	**Especie**	**Abundancia**	**Especie**	**Abundancia**
M. macrochaeta	30,01%	*M. macrochaeta*	37,71%	*T. pilosa*	73,62%
C. tergilobata	26,17%	*W. medialis*	12,00%	*H. thermophila*	7,35%
P. notabilis	21,49%	*P. armata*	10,86%	*M. macrochaeta*	6,92%

A continuación, se presenta el porcentaje de cada una de las categorías biogeográficas para las especies encontradas (**figura 10**). Se observa un claro predominio de las especies de amplia distribución, cosmopolitas, holárticas y paleárticas, pero no es despreciable el 19% de especies endémicas o de distribución ibérica.

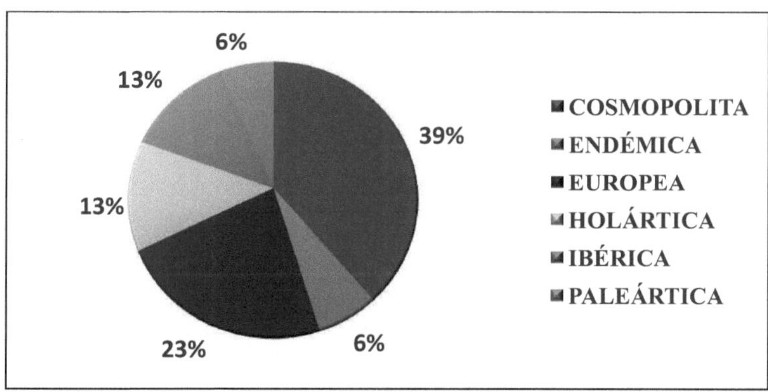

Figura 10. Distribución biogeográfica de las especies de colémbolos según su porcentaje de aparición.

5.5 ÍNDICES DE DIVERSIDAD

Se llevó a cabo un estudio de los índices de diversidad en colémbolos según el tipo de muestra de suelo (natural, incendio o borde). Los resultados obtenidos se representan en la **figura 11**. Se observa que la diversidad, medida a través del índice de Shannon-Wienner, es mayor en el bosque incendiado.

La riqueza específica presenta valores muy semejantes en los tres ecosistemas. La equidad o uniformidad es mayor en el suelo incendiado, y los valores del índice de Simpson, que representa la dominancia, son mayores en la zona de transición debido a la abundante población de *T. pilosa*.

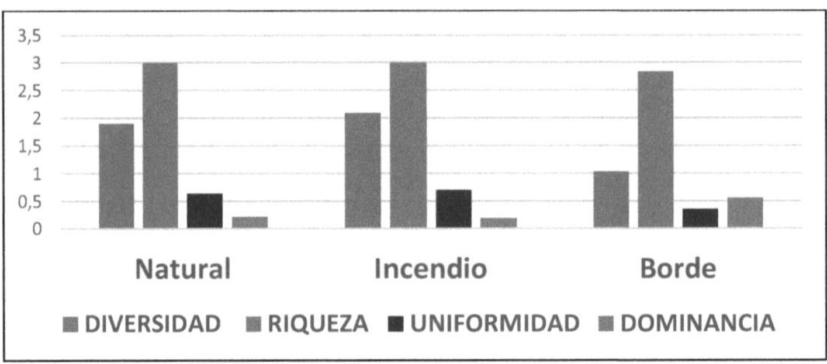

Figura 11. Valores de los índices de diversidad según el tipo de muestra (natural, incendio o borde).

5.6 ANÁLISIS ESTADÍSTICO DE LAS POBLACIONES DE COLÉMBOLOS

5.6.1 ÍNDICE DE CORRELACIÓN DE SPEARMAN

Las correlaciones significativas obtenidas tras el cálculo del índice de correlación de Spearman entre las diferentes especies de colémbolos encontrados en otoño se pueden observar en la **tabla 8 del anexo**. Destaca el valor de 1 entre *Hypogastrura purpurescens* y *Entomobrya nicoleti*, y entre *Xenylla schillei* y *Superodontella selgae*. La razón es su presencia y abundancia común en las mismas muestras. *Isotomodes bisetosus* con *Sphaeridia pumilis*, y con *P. notabilis* son los dos pares con correlación negativa.

5.6.2 ANÁLISIS DE COMPONENTES PRINCIPALES

La **figura 12** muestra la representación gráfica del análisis de componentes principales para las especies de colémbolos recolectadas en el muestreo de otoño. El componente 1 se representa en el eje de ordenadas (17,2% de varianza) y el eje Y que representa al componente 2 absorbe el 12,01%. La extracción acumulada total de los 4 primeros componentes fue del 48,85%.

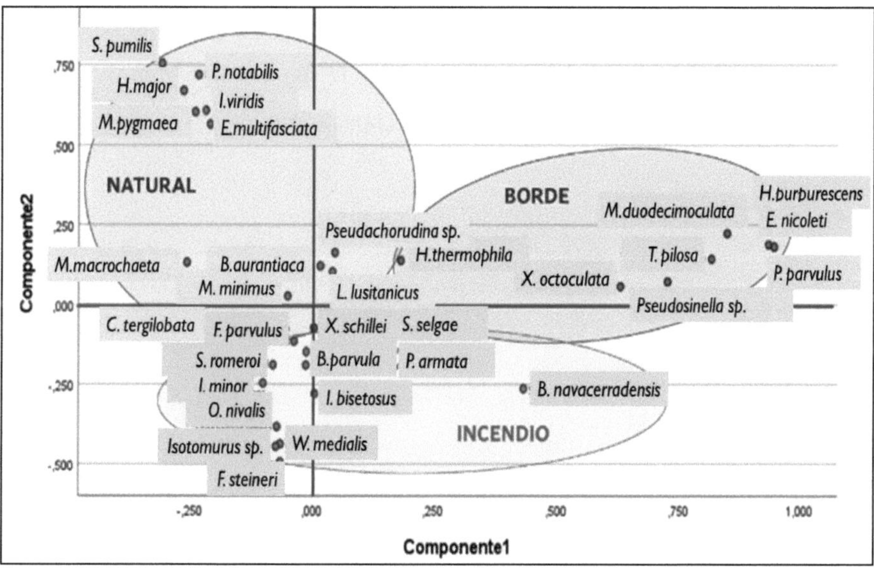

Figura 12. Representación gráfica del análisis de componentes principales de los colémbolos del muestreo de otoño para los dos primeros componentes.

Se observa la distribución de las especies de colémbolos en tres agrupaciones correspondientes a las tres zonas muestreadas, el bosque natural, la zona de transición o borde, y la zona incendiada. Las especies presentes o más abundantes en la zona natural, como *Mesaphorura macrochaeta* o *Isotoma viridis*, se sitúan en la región negativa del eje X y la positiva del eje Y. Las especies más abundantes en la zona de transición, como *Tetrachantella pilosa* o *Hemisotoma thermophila*, están representados en la región positiva del eje X. Las especies características de la zona incendiada, como *Pseudachorutes romeroi* o *Isotomodes bisetosus*, se concentran predominantemente en la región negativa del eje Y.

5.6.3 ÁNALISIS DISCRIMINANTE

Para este análisis, la variable agrupadora fue el estado del suelo (natural, borde o quemado). Se seleccionan como variables discriminantes a *Pseudachorutes parvulus*, *Hypogastrura purpurescens*, *Hemisotoma thermophila* y *Tetrachantella pilosa*, todas ellas características de la zona de transición. *Isotomurus sp.* es la especie seleccionada para el suelo quemado, y *Heteromurus major* y *Sphaedia pumilis* se presentan como características del bosque natural.

6. DISCUSIÓN

A partir de los datos obtenidos tras los diversos análisis numéricos y estadísticos se puede observar que el fuego afecta gravemente a la biota del suelo. Todos los grupos taxonómicos se redujeron en número tras un impacto de fuego normalizado. Esto confirmó numerosas observaciones de campo (GONGALSKY *et al.*, 2012) donde se puede afirmar que el tipo de suelo muestreado, incluso dentro de un incendio, afecta a la distribución y abundancia de la fauna edáfica y de las comunidades de colémbolos. Se puede apreciar una disminución considerable en el número de individuos presentes en la zona quemada respecto al bosque natural. Sin embargo, la zona de borde no sigue el patrón esperado ya que presenta un número menor de ácaros y de otros organismos edáficos que el suelo quemado, pero un mayor número de colémbolos que el suelo natural. Este dato ha sido ya citado en la bibliografía. El estudio realizado por SUHADI *et al.* (2020) muestra en la zona de transición entre la zona natural y la quemada una mayor riqueza y diversidad de colémbolos.

En el suelo incendiado hay una capa mucho menor de vegetación y materia orgánica que en los bosques naturales. Esta capa desempeña un papel fundamental al proporcionar protección térmica e hídrica al ecosistema edáfico y su disminución podría explicar la reducción del número de organismos en el suelo quemado (LUCIÁÑEZ & INIESTO, 2006). La desaparición de la hojarasca provoca, además, que muchos organismos se refugien en las capas más profundas del suelo, lo que hace que predominen los organismos euedáficos. Respecto a la zona de borde, es posible que tanto los ácaros como algunos de los organismos edáficos se desplazasen a la zona de bosque natural en busca de unas condiciones ambientales más estables. Por otro lado, los colémbolos podrían haber migrado a la zona de transición debido a una menor competencia y mayor disponibilidad de recursos que en la zona natural. Además, algunas especies poseen ciertas adaptaciones que les permiten sobrevivir o recuperarse más rápidamente después de un incendio.

Los resultados del estudio confirman que los ácaros y los colémbolos son los grupos más abundantes en el suelo (TEUBEN & SMIDT, 1992). Los paurópodos conforman el tercer grupo de fauna más representativo que, junto con los sínfilos, predominan en el suelo quemado. Son organismos propiamente euedáficos que resisten las condiciones de altas temperaturas producidas en los incendios y colonizan los hábitats abandonados por otras especies que no sobreviven en estas condiciones. Es por ello por lo que se les considera indicadores de la alteración del suelo. En el bosque natural destacan las larvas tanto de dípteros como de coleópteros, cuya abundancia total también es muy elevada. Las larvas de dípteros prefieren ambientes húmedos con alta concentración de materia orgánica (DINDAL, 1990), y muchas de las larvas de coleópteros son fitófagas pudiendo encontrar mayor cantidad de productos vegetales en el suelo natural. Por otro lado, los grupos más representativos del borde son los psocópteros o los júlidos, aunque su abundancia es mucho menor.

Dentro del estudio de la fauna de colémbolos, los análisis de los índices de diversidad revelan que hay una mayor diversidad en el suelo quemado, y la riqueza de especies es la misma tanto en el bosque incendiado como en el natural. Estos resultados podrían estar relacionados con las afirmaciones de otros autores que han observado una recuperación progresiva de las especies de colémbolos en suelos quemados con el paso del tiempo (LUCIÁÑEZ & INIESTO, 2006). Por otro lado, la uniformidad es ligeramente superior en el suelo incendiado y la dominancia en el borde.

Al igual que en los resultados obtenidos en el estudio general de la fauna edáfica, destaca la elevada correlación obtenida con el índice de Spearman, en especial la de *Isotomodes bisetosus* con *Sphaeridia pumilis* y *Parisotoma notabilis*. Estas especies pueden vivir tanto en condiciones naturales como en zonas degradadas por lo que se adaptan bien en casi cualquier tipo de hábitat (FJELLBERG 2007; POTAPOW *et al.*, 2016). Cabe destacar que tanto *Sphaeridia pumilis* como *Parisotoma notabilis* son especies hemiedáficas mientras que *Isotomodes bisetosus* es una especie euedáfica, por lo que no van a competir por los mismos recursos.

En relación a la abundancia y frecuencia de las especies presentes, así como a los análisis discriminantes, se han identificado diferentes conjuntos de especies características de los ecosistemas estudiados. Especies como *Heteromurus major* o *Sphaedia pumilis* predominan en el suelo natural debido a su preferencia por zonas con unas condiciones ambientales relativamente húmedas (ARBEA & BLASCO-ZUMETA, 2001). *Isotomurus sp.* se encuentra mayoritariamente en el suelo incendiado ya que tiene una alta tolerancia a la desecación (RUSEK, 1998). Por último, especies tan abundantes como *Tetrachantella pilosa* o *Hemisotoma thermophila* son especies características del borde por su alta tolerancia a la variación ambiental (ARBEA & JORDANA, 1990; ARBEA & BLASCO-ZUMETA, 2001). Además, poseen huevos latentes con cubiertas resistentes al fuego que encuentran en estas condiciones adversas el momento idóneo para desarrollarse y eclosionar. Esto también se ha visto en otro estudio aún sin publicar, realizado con las muestras de primavera en este mismo incendio. En ese muestreo, *Xenylla schillei* es una especie muy abundante en el borde que aparece casi exclusivamente en esa zona debido a la eclosión de sus huevos latentes.

Lo mismo ocurre con algunas especies endémicas que, a pesar de contar con un área de distribución restringida con unas características ambientales determinadas, siguen estando presentes después del incendio. Permanecen en estado latente hasta que las condiciones son óptimas para eclosionar. Es el caso de especies como *Friesea steineri* o *Wankeliella medialis.*

A partir de los resultados de este estudio se puede afirmar que las modificaciones causadas por los incendios forestales en la capa de materia orgánica del suelo, así como las producidas en la vegetación, alteran las comunidades de fauna edáfica y la abundancia y distribución de las comunidades de colémbolos, como refleja la composición específica encontrada en los diferentes tipos de muestras de suelo. A pesar de ello, se observa que las propias comunidades biológicas tienen capacidad de resistencia y estrategias diversas para ir recuperando las poblaciones.

Para realizar un estudio más completo se requeriría realizar más muestreos en la zona en los años sucesivos para comprobar si las comunidades edáficas vuelven a colonizar los espacios ocupados por el suelo incendiado, así como examinar si la composición faunística y colembológica sigue siendo la misma o hay ligeras variaciones. Asimismo, se podrían agrupar todos los datos obtenidos de los muestreos de otoño, invierno, primavera y verano para comprobar las diferencias observadas en la distribución y abundancia de colémbolos según la estación del año, la temperatura o la humedad.

7. CONCLUSIONES

- En el estudio realizado en el pinar de *Pinus nigra* Arn. en Fuentenava de Jábaga (Cuenca) tras el incendio de 1991 se han recolectado 11812 individuos pertenecientes a 21 grupos de fauna diferentes. En el pinar natural se hallaron 7497 individuos de 17 grupos taxonómicos diferentes, en el pinar quemado 2375 ejemplares de 14 grupos, y en la zona de transición 1940 ejemplares pertenecientes a 12 grupos.

- Los ácaros son el grupo más abundante, representando el 80,63% del total, siendo más numerosos en el pinar natural. Los colémbolos (17,08 %) presentan poblaciones más numerosas en la zona de transición. También se observa una abundancia significativa de paurópodos, sobre todo en el suelo quemado.

- Se observa una disminución en el número de individuos presentes en la zona quemada respecto al bosque natural. La zona de borde, por el contrario, presenta un número menor de ácaros y de otra fauna que el suelo quemado, y presenta un mayor número de colémbolos incluso que el suelo natural.

- Se llevó a cabo un estudio específico de la fauna de colémbolos, recolectando un total de 2110 individuos pertenecientes a 33 especies. De ellos, 833 ejemplares de 20 especies pertenecen al pinar natural, 350 individuos de 20 especies corresponden al pinar quemado y 927 individuos de 19 especies se encontraron en el borde.

- En el bosque natural destaca *M. macrochaeta* como la especie más abundante (30,01% del total), seguida por *C. tergilobata* (26,17 %) y *P. notabilis* (21,49 %). En el bosque incendiado las especies más abundantes son *M. macrochaeta* (37,71), *W. medialis* (12,00 %) y *P. armata* (10,86 %) dado su carácter euedáfico y, en el caso de *W. medialis,* su endemicidad. En la zona de borde destacan *T. pilosa* (73,62%), *H. thermophila* (7,35%), hemiedáficas y mediterráneas, cuyos huevos latentes eclosionan a causa de las elevadas temperaturas en esta zona, y *M. macrochaeta* (6,92%), especie euedáfica y partenogenética, con claras estrategias de adaptación a las perturbaciones del suelo.

- Se calcularon los índices de diversidad, los cuales indican una mayor diversidad en el suelo quemado y una riqueza similar tanto en el suelo natural como en el quemado. Los análisis de componentes principales revelan que la distribución de las especies de colémbolos está influenciada por las diferentes características edáficas de los distintos tipos de muestras de suelo.

- A través del estudio de la abundancia y de los análisis empleados se obtiene que las especies diferenciales en el pinar natural son *Heteromurus major* y *Sphaeridia pumilis*, en el quemado *Isotomurus sp* y en el borde *Pseudachorutes parvulus*, *Hypogastrura purpurescens, Hemisotoma thermophila* y *Tetrachantella pilosa,* estas dos últimas sobre todo.

8. BIBLIOGRAFÍA

ALONSO-ZARAZAGA, M.A. (2015). Orden Coleoptera. *Revista Ide@-SEA*, 55, 1-18.

ALVARADO, R. & SELGA, D. (1961). La fauna del suelo y su interés agronómico y forestal. *Revista de la Universidad de Madrid*, 10: 451-500.

ARANGO-GALVÁN, A.; CUTZ-POOL, L.; CANO-SANTANA, Z. & LOT, A. (2009). Estructura de la comunidad de colémbolos del mantillo. *Biodiversidad del ecosistema del Pedregal de San Ángel. UNAM. México, DF.*, 395-402.

ARBEA, J.I. (1988). Nuevas especies de *Odontella (Superodontella)* (Collembola, Odontellidae) de Navarra (N de la Península Ibérica). *Misc Zool.*, 12: 109-119.

ARBEA, J.I. & BLASCO-ZUMETA, J. (2001). Ecología de los Colémbolos (Hexapoda, Collembola) en Los Monegros (Zaragoza, España). *Bol. S. E. A.*, 28: 35-48.

ARBEA, J.I. & JORDANA, R. (1990). Ecología de las poblaciones de Colémbolos edáficos en un prado y un pinar de la región submediterránea de Navarra. *Mediterránea Ser. Biol.*, 12: 139-148.

ARBEA, J.I.; BAQUERO, E.; BERUETE, E.: PÉREZ FERNÁNDEZ, T. & JORDANA, R. (2021). Catálogo de los colémbolos cavernícolas del área Iberobalear e islas macaronésicas septentrionales (Collembola). *Bol. S.E.A.,* 68: 1-80.

ARDANAZ, A. & JORDANA, R. (1983). Contribución al conocimiento de caracteres taxonómicos de *Hypogastrura (Ceratophysella) tergilobata* Cassagnau, 1954 e H. (*Ceratophysella) denticulata* (Bagnall, 1941) (*Collembola*). *Actas I Congreso Ibérico de Entomología. León.* 1: 21-30.

ARROYO, J.; ITURRONDOBEITIA, J.C.; CABALLERO, A.I. & GONZÁLEZ-CARCEDO, S. (2003). Una aproximación al uso de taxones de artrópodos como bioindicadores de condiciones edáficas en agrosistemas. *Bol. S.E.A.*, 32: 73-79.

BABENKO, A.; STEBAEVA, S. & TURNBULL, M.S. (2019). An updated checklist of Canadian and Alaskan Collembola. *Zootaxa, 4592*(1): 1-125.

BARRIENTOS, J.A. (Ed.) (2004). *Curso práctico de Entomología.* Servei de publicacions de l'Universitat Autònoma de Barcelona. Barcelona. 947 pp.

BELLINGER, P.F.; CHRISTIANSEN, K.A. & JANSSENS, F. (2003). Checklist of the Collembola: Families. *Department of Biology*. University of Antwerp (RUCA). Antwerp, Belgium.

BERUDE, M.; GALOTE, J.K.; PINTO, P.H. & AMARAL, A. (2015). A mesofauna do solo e sua importância como bioindicadora. *Enciclopédia Biosfera*, 11(22): 14-28.

BODÍ, M. B.; CERDÀ, A.; MATAIX-SOLERA, J. & DOERR, S. H. (2012). Efectos de los incendios forestales en la vegetación y el suelo en la cuenca mediterránea: revisión bibliográfica. *Boletín de la asociación de Geógrafos Españoles*.

BONNET, L.; CASSAGNAU, P. & DEHARVENG, L. (1979). Recherche d'une méthodologie dans l'analyse de la ruptura des équilibres biocénotiques: applicaations aux collemboles édaphiques des Pyrénées. *Rev. Ecol. Biol. Sol*, 16 (3): 373-401.

BURBANO-ORJUELA, H. (2016). El suelo y su relación con los servicios ecosistémicos y la seguridad alimentaria. *Revista de Ciencias Agrícolas, 33*(2): 117-124.

CERRO, A. DEL & LUCAS, M.E. (2007). *El Pinus nigra Arn. En la Serrania de Cuenca: estudio sobre su regeneración natural y bases para su gestión.* Serie forestal nº 1. Conserjería de medio ambiente y desarrollo rural de la Junta de Comunidades de Castilla-La Mancha. 56 pp.

CHANDRA, K. (2008). Insecta: Hemiptera. *Faunal Diversity of Jabalpur District, MP:* 141-157.

CIPOLA, N.G.; DA SILVA, D.D. & BELLINI, B.C. (2018). Class Collembola. In: Hamada, N.; Thorp, J. H.; Rogers, D. C. (Eds.) *Thorp and Covich's Freshwater Invertebrates. Vol. 3: Keys to Neotropical Hexapoda* 4ª ed., pp. 11-55. Academic Press.COLINA, C. L., & ROLDÁN, P. L. (1991). El análisis de componentes principales: aplicación al análisis de datos secundarios. *Papers: revista de sociologia*, 31-63.

CROWSON, R.A. (1981). *The Biology of the Coleoptera*. Academic press, London-N.Y.-Toronto-Sydney-San Francisco, 802 pp.

CUTZ-POOL, L.Q.; PALACIOS-VARGAS, J.G. & VÁZQUEZ, M. (2003). Comparación de algunos aspectos ecológicos de Collembola en cuatro asociaciones vegetales de Noh-Bec, Quintana Roo, México. *Folia Entomol. Mex.*, 42 (1): 91-101.

DALLAI, R. (1973). Ricerche sui collemboli. XVI. *Stachorutes dematteisi* n. g., n. s., *Micranurida intermedia* n. s. e considerazionei sul genere *Micranurida. Redia*, 54: 23-31.

DI CASTRI, F. & VITALI DI CASTRI, V. (1982). Soil fauna of Mediterranean-climate regions. In: Di Castri, F, Goodall, D.W. & Spetcht, R.L. (Eds.). *Mediterranean-type shrublands*. Elsevier, Amsterdam. 445-478 pp.

DINDAL, D. (1990). *Soil biology guide*. John Wiley & Sons. Nueva York. 1.349 pp.

DOMÍNGUEZ-FONTANA, C. (2011). *Estudio comparativo preliminar de los bosques de la Sierra de Juárez, Baja California (México) y la Serranía de Cuenca (España)* (Doctoral dissertation, Universitat Politècnica de València).

DORAN, J.W.; COLEMAN, D.C.; BEZDICEK, D.F. & STEWART, B.A. (Eds.) (1994). *Defining soil quality for a sustainable environment.* Soil Science Society of America, 35. Winsconsin, USA. 35.

EGERT, M.; MARHAN, S.; WAGNER, B.; SCHEU, S. & FREDRICH, M.W. (2004). Molecular profiling of 16S rRNA genes reveals diet-related differences of microbial communities in soil, gut and casts of Lumbricus terrestris (Oligochaeta: Lumbricidae). *FEMS Microbiology Ecology*, 48: 187-197.

FJELLBERG, A. (2007). The Collembolan of Fennoscandia and Denmark. Part II: Entomobryomorpha and Symphypleona. *Fauna Entomologica Scandinavica*, volumen 42. Tjöme. 264 pp.

GAMA, M.M.; MURIAS DOS SANTOS, F.A. & NOGUEIRA, A. (1989). Comparaison de la composition de populations de Collemboles de peuplements d'eucaliptus (*Eucaliptus globulus*) et de chêneliège (*Quercus suber*). En: Dallai, R. (Ed.).*3rd Internacional Seminar on Apterygota*. Siena. 345 pp.

GARCÍA-ÁLVAREZ, A. & BELLO, A. (2004). Diversidad de los organismos del suelo y transformaciones de la materia orgánica. Memorias. *I Conferencia Internacional Eco-Biología del Suelo y el Compost. León.* 211 pp.

GISIN, H.R. (1943). Ökologie und lebensgemeinschaften der collembolen im schweizerischen exkursionsgebiet Basels. *Rev. Suisse Zool. 50*: 131–224.

GOLDARAZENA, A. (2015). Orden Thysanoptera. *Revista Ide@-SEA*, 52: 1-20.

GONGALSKY, K.B.; MALMSTRÖM, A.; ZAITSEV, A.S.; SHAKHAB, S.V.; BENGTSSON, J. & PERSSON, T. (2012). Do burned areas recover from inside? An experiment with soil fauna in a heterogeneous landscape. *Applied Soil Ecol.,* 59: 73-86.

GOULA, M. & MATA, L. (2015). Orden Hemiptera. *Revista Ide@-SEA*, 53, 1-30.

HÅGVAR, S. (1998). The relevance of the Rio-Convention on biodiversity to conserving the biodiversity of soils. *Applied Soil Ecology*, 9: 1-7.

HERRERA, L. (2015). Orden Dermaptera. *Revista Ide@-SEA*, 42: 1-10.

HJORTH-ANDERSEN, M.C.T. (2015). Orden Diptera. *Revista Ide@-SEA,* 63: 1-22.

JOFFE, J.S. (1936). *Pedobiology.* Rutgers University Press. New Brunswick, New Jersey.

JORDANA, R. & ARBEA, J.I. (1989). Clave de identificación de los géneros de Colémbolos de España (Insecta, Collembola). *Pub. Biol. Univ. Navarra, Ser. Zool.*, 19: 1-16.

JORDANA, R.; ARBEA, J.I. & ARIÑO, A.H. (1990). Catálogo de Colémbolos ibéricos. Base de datos. *Publ. Biol. Univ. Navarra, Ser. Zool.*, 21: 231.

JORDANA, R.; ARBEA, J.I.; SIMÓN, C. & LUCIÁÑEZ, M.J. (1997). *Collembola, Poduromorpha*. En: *Fauna Ibérica*, vol. 8. RAMOS, M.A. (Ed.) Museo Nacional de Ciencias Naturales. CSIC. Madrid. 807 pp.

LOPES, C.H. & GAMA, M.M. (1994). The effect of fire on collembolan population of Mata de Margaraca (Portugal). *Env. J. Soil*, 30: 133-141.

LUCIÁÑEZ, M.J. (1990). *Contribución al estudio de los Colémbolos del Macizo Central de la Sierra de Gredos*. Tesis Doctoral. Universidad Autónoma de Madrid.

LUCIÁÑEZ, M.J. & INIESTO, P. (2006). Estudio faunístico y ecológico de las comunidades de Colémbolos (Hexapoda, Collembola) de pinares incendiados en la vertiente sur de la Sierra de Gredos. *Boln. Asoc. Esp. Ent.*, 30 (3-4): 75-95.

LUCIÁÑEZ, M.J. & SIMÓN, J.C. (1987). Estudio de la población colembológica de suelos de Raña en la provincia de Guadalajara. *Actas de la I Reunión de Biología y Ecología del Suelo*. Pamplona. 417-524.

LUCIÁÑEZ, M.J. & SIMÓN, J.C. (1989). Colémbolos de prados de la Sierra de Gredos (nota 1). *Boletín del Grupo de Entomológico de Madrid*, 4: 5-16.

LUCIÁÑEZ, M.J. & SIMÓN, J.C. (1991). Estudio de la variación estacional de la colembofauna en los suelos de alta montaña en la Sierra de Guadarrama (Madrid). *Misc. Zool.,* 15: 103-113.

MAGURRAN, A. E. (1988). *Ecological diversity and its measurement*. Princeton University Press. Nueva Jersey. 179 pp.

MATAIX-SOLERA, J. & GUERRERO, C. (2007). Efectos de los incendios forestales en las propiedades edáficas. *Incendios forestales, suelos y erosión hídrica*, 5-40.

MATEOS, E. (2008). The European Lepidocyrtus Bourlet, 1839 (Collembola: Entomrobryidae). *Zootaxa, 1769*(1): 35-59.

MCGAVIN, G.C. (2001). *Essential Entomology*. Oxford University Press. 350 pp.

MONERO, N.H.; AUTÓNOMO, O.; DE INDUSTRIA, C.; DE COMUNIDADES, J. & MANCHA, C.L. (2010). Parque Natural de la Serranía de Cuenca. *Foresta*, (47): 194-196.

MORENO, C.A. (2000). *Métodos para medir la biodiversidad.* M&T-Manuales y Tesis SEA, vol. 1. Zaragoza, España. 84 pp.

MURILLO-CUEVAS, F.D.; ADAME-GARCÍA, J.; CABRERA-MIRELES, H. & FERNÁNDEZ-VIVEROS, J.A. (2019). Fauna y microflora edáfica asociada a diferentes usos de suelo. *Ecosistemas y recursos agropecuarios, 6*(16): 23-33.

NAVIA, J.F.; BARRIOS, E. & SÁNCHEZ, M. (2006). Efectos de los aportes superficiales de biomasa vegetal a la temperatura, humedad y dinámica de nematodos en el suelo en época seca en Santander de Quilichao (Departamento de Cauca). *Acta agronómica*, 55(2): 1-7.

ORTIZ VALBUENA, A. (1992). Contribución a la denominación de origen de la miel de la Alcarria. Tesis Doctoral. Universidad Complutense de Madrid. 311 pp.

PALACIOS-VARGAS, J.G. & MEJÍA, B.E. (2007). *Técnicas de colecta, montaje y preservación de microartrópodos edáficos.* Ed. Universidad Nacional Autónoma de México.

PARISI, V. (1979). *Biología y Ecología del suelo.* Blume Ecología. Barcelona. 169 pp.

PETERSEN, H. (2002). General aspects of collembolan ecology at the turn of the millennium. *Pedobiologia*, 46: 246-260.

PLA, L. (2006). Biodiversidad: Inferencia basada en el índice de Shannon y la riqueza. *Interciencia, 31*(8): 583-590.

POTAPOW, A.A.; SEMENINA, E.E.; KOROTKEVICH, A.Y.; KUZNETSOVA, N.A. & TIUNOV, A.V. (2016). Connecting taxonomy and ecology: Trophic niches of collembolans as related to taxonomic identity and life forms. *Soil Biology and Biochemistry, 101:* 20-31.

POTAPOW, M. (2001). *Synopses on Paleartic Collembola. Vol. 3: Isotomidae.* Staatliches Museum für Naturkunde Görlitz. Görlitz, Germany. 605 pp.

PUJADE-VILLAR, J. & FERNÁNDEZ GUYABO, S. (2004). *Himenópteros.* En: BARRIENTOS, J.A. (Ed.). *Curso práctico de Entomología.* Servei de publicacions de l'Universitat Autònoma de Barcelona. Barcelona. 813-857 pp.

REGATO, P. & ESCUDERO, A. (1989). Caracterización de las comunidades de *Pinus nigra* subsp. *Salzmannii* en los afloramientos rocosos del Sistema Ibérico Meridional. *Bot. Complutensis*, 15: 149-161.

RESTREPO, L.F. & GONZÁLEZ, J. (2007). De Pearson a Spearman. *Revista Colombiana de Ciencias Pecuarias, 20*(2): 183-192.

RICHARDS, O.W. & DAVIES, R.G. (1984). *Tratado de Entomología Imms. Volumen 2: clasificación y biología.* Ediciones Omega. Barcelona. 998 pp.

RIVAS-MARTÍNEZ, S. (1987). *Memoria del mapa de las series de vegetación de España.* ICONA, Ministerio de Agricultura, Pesca y Alimentación. Madrid. 268 pp.

RUIZ, M. (1999). *Fluctuaciones en la biodiversidad de la fauna edáfica provocadas por repoblaciones de coníferas en bosques del Sistema Central con especial referencia a las comunidades de Colémbolos: estudio ecológico y taxonómico.* Tesis doctoral. Universidad Autónoma de Madrid. 576 pp.

RUSEK, J. (1998). Biodiversity of Collembola and their functional role in the ecosystem. *Biodiversity & Conservation, 7:* 1207-1219.

SALINAS, M. (2007). Modelos de regresión y correlación IV: Correlación de Spearman. *Cienc. Trab*, 143-145.

SANJUAN, A.B.; GONZÁLEZ, L. C. & DE MELLO PRADO, R. (2022). Mesofauna edáfica, algunos estudios realizados: Revisión. *INGE CUC*, 18(2): 197-208.

SCHELLER, U. (1990). A list of the British Pauropoda with description of a new species of Eurypauropodidae (Myriapoda). *Journal of natural history*, 24(5): 1179-1195.

SIMÓN, J.C. (1985). Colémbolos de los suelos de sabinar de la provincia de Segovia. Nota I. *Graellsia*, 31: 213-230.

SOCARRÁS, A. (2013). Mesofauna edáfica: indicador biológico de la calidad del suelo. *Pastos y Forrajes*, 36(1): 5-13.

SUHADI, DHARMAWAN, A.; NAFIAH, K.; AKHSANI, F. & YULIANITA, A. (2012). Comparative study of Collembola community on post fire land, transitional land and control land in Teak Forest Baluran National Park Situbondo. *ICoLiST,* 1-6.

TEUBEN, A. & SMIDT, G.R. (1992). Soil arthropod numbers and biomass in two pine forests on different soils, related to functional groups. *Pedobiologia*, 36: 79-89.

TORRADO, M. & BERLANGA, V. (2013). Análisis discriminante mediante spss. *REIRE: revista d'innovació i recerca en educació.*

TORRALBA-BURRIAL, A. (2015). Orden Embioptera. *Revista Ide@-SEA*, 44: 1-6.

ÚBEDA, X.; MATAIX-SOLERA, J.; FRANCOS, M. & FARGUELL, J. (2021). Grandes incendios forestales en España y alteraciones de su régimen en las últimas décadas. *Geografia, Riscos e Proteção Civil. Homenagem ao Professor doutor Luciano Lourenço*, 2: 147-161.

VILLEGAS-GUZMÁN, G.A. & PÉREZ, T.M. (2005). Pseudoescorpiones (Arachnida: Pseudoscorpionida) asociados a nidos de ratas del género *Neotoma* (Mammalia:

Rodentia) del altiplano mexicano. *Acta Zoológica Mexicana (nueva serie)*. 21: 63-77.

VOIGTLÄNDER, K. (2001). *Chilopoda – Ecology*. In: MINELLI, A. (Ed.). *Treatise on Zoology. Anatomy, Taxonomy, Biology. The Myriapoda.* Brill. Leiden-Boston. 309 pp.

WRIGHT, J.C. & WEST, P. (2006). Water vapur absorption in the penicillae millipede Polyxenus largus (Diplopoda: Penicillata: Polyxenida): microcalorimetric analysis of uptake kinetics. *The Journal of Experimental Biology*, 209: 2486-2494.

ZANCADA, M.C. & SÁNCHEZ, A. (1994). Papel de los nematodos en la biología del suelo. *Bol. R. Soc. Esp. Hist. Nat. (Sec. Bio.),* 91 (1-4): 49-56.

9. ANEXOS

Tabla 1. Grupos de fauna edáfica muestreados en el bosque natural de Fuentenava de Jábaga. Leyenda: N, natural; O, otoño; H, hojarasca; S, suelo superficial; P, suelo profundo.

	NHO1	NHO2	NHO3	NHO4	NHO6	NSO1	NSO2	NSO3	NSO4	NSO6	NPO1	NPO2	NPO4	NPO5	NPO6	TOTAL
Collembola	37	1	11	4	6	78	46	103	158	61	6	24	265	20	13	**833**
Acari	785	438	296	376	235	1386	427	900	616	285	443	170	408	30	53	**6563**
Pseudoscorpionida	0	0	0	0	0	0	0	0	0	0	0	0	0	0	0	**0**
Coleoptera	0	0	0	0	0	0	0	1	1	0	0	0	0	0	0	**2**
Larva Coleoptera	0	2	0	3	1	0	2	4	0	6	1	0	0	0	1	**12**
Dermaptera	0	0	0	0	2	0	0	0	1	0	0	0	0	0	0	**3**
Diptera	0	0	2	0	0	0	0	0	0	0	0	2	0	0	0	**4**
Larva Diptera	7	2	10	5	5	0	0	0	1	0	0	3	0	0	0	**33**
Embioptera	0	0	1	0	0	0	0	0	0	2	0	0	0	0	0	**1**
Hemiptera	0	0	0	0	0	0	0	0	0	0	0	0	0	0	0	**0**
Hymenoptera	0	4	0	0	0	0	1	0	0	0	1	0	0	0	0	**6**
Protura	0	0	0	0	0	0	0	0	0	0	0	0	0	3	0	**3**
Psocoptera	0	0	0	0	0	0	0	0	2	0	0	0	0	0	0	**2**
Thysanoptera	1	0	0	0	0	3	1	0	0	0	0	4	4	1	0	**14**
Chilopoda	0	0	0	0	0	0	0	0	0	0	0	0	0	0	1	**1**
Pauropoda	0	0	0	0	0	0	1	0	0	0	0	3	9	0	0	**10**
Symphyla	0	0	0	0	0	1	0	0	0	0	0	6	0	0	1	**8**
Julida	0	0	0	0	0	0	0	1	0	0	0	0	0	0	0	**1**
Polyxenida	0	0	0	0	0	0	0	0	0	0	0	0	0	0	0	**0**
Oligochaeta	0	0	0	0	0	0	0	0	0	0	0	0	0	0	0	**0**
Nematoda	0	0	0	0	0	0	0	0	1	0	0	0	0	0	0	**1**
TOTAL	**830**	**447**	**320**	**388**	**249**	**1468**	**478**	**1009**	**780**	**354**	**451**	**212**	**686**	**54**	**69**	7497
Número de grupos	**4**	**5**	**5**	**4**	**5**	**4**	**6**	**5**	**7**	**4**	**4**	**7**	**4**	**4**	**5**	17

Tabla 2. Grupos de fauna edáfica muestreados en el bosque incendiado de Fuentenava de Jábaga. Leyenda: I, incendio; O, otoño; H, hojarasca; S, suelo superficial; P, suelo profundo.

	ISO2	ISO3	ISO4	ISO5	ISO6	IPO1	IPO2	IPO3	IPO4	IPO5	IPO6	TOTAL
Collembola	34	111	7	28	63	20	10	23	7	20	27	**350**
Acari	119	325	184	122	295	136	65	71	244	122	226	**1909**
Pseudoscorpionida	0	0	0	0	0	0	0	0	1	0	0	**1**
Coleoptera	0	0	0	0	0	0	0	0	0	0	0	**0**
Larva Coleoptera	0	2	2	0	1	1	0	0	0	0	0	**6**
Dermaptera	0	0	0	0	0	0	0	0	0	0	0	**0**
Diptera	0	0	0	0	0	0	0	0	0	0	0	**0**
Larva Diptera	0	0	0	0	0	0	0	0	0	0	1	**1**
Embioptera	0	0	0	0	0	0	0	0	0	0	0	**0**
Hemiptera	0	0	0	0	0	0	0	0	1	0	2	**3**
Hymenoptera	0	0	0	0	0	0	1	0	0	0	0	**1**
Protura	0	4	0	0	0	0	2	0	1	3	0	**10**
Psocoptera	0	0	0	0	0	0	0	0	0	0	0	**0**
Thysanoptera	3	0	0	0	0	0	0	0	0	0	0	**3**
Chilopoda	0	0	0	0	0	0	0	0	0	0	0	**0**
Pauropoda	2	7	2	1	4	8	10	3	2	1	19	**59**
Symphyla	1	3	0	0	0	1	4	3	6	6	2	**26**
Julida	0	0	0	0	0	0	0	0	0	0	0	**0**
Polyxenida	0	0	0	0	0	0	0	0	1	0	0	**1**
Oligochaeta	0	1	1	1	0	0	0	0	0	0	0	**3**
Nematoda	0	0	1	0	1	0	0	0	0	0	0	**2**
TOTAL	**159**	**453**	**197**	**152**	**364**	**166**	**92**	**100**	**263**	**152**	**277**	**2375**
Número de grupos	**5**	**7**	**6**	**4**	**5**	**5**	**6**	**4**	**8**	**5**	**6**	**14**

Tabla 3. Grupos de fauna edáfica muestreados en la zona de borde del bosque de Fuentenava de Jábaga. Leyenda: B, borde; O, otoño; H, hojarasca; S, suelo superficial; P, suelo profundo.

	BHO2	BHO3	BHO4	BSO4	BSO5	Total
Collembola	390	74	252	130	81	**927**
Acari	163	312	246	198	48	**967**
Pseudoscorpionida	0	0	0	0	0	**0**
Coleoptera	0	1	0	0	0	**1**
Larva Coleoptera	2	0	1	0	1	**4**
Dermaptera	0	0	0	1	0	**1**
Diptera	0	0	0	0	1	**1**
Larva Diptera	4	10	3	1	0	**18**
Embioptera	0	0	0	0	0	**0**
Hemiptera	0	0	0	0	0	**0**
Hymenoptera	0	0	0	1	1	**2**
Protura	0	0	0	0	0	**0**
Psocoptera	5	1	5	1	0	**12**
Thysanoptera	0	1	0	0	1	**2**
Chilopoda	0	0	0	1	1	**2**
Pauropoda	0	0	0	0	0	**0**
Symphyla	0	0	0	0	0	**0**
Julida	0	0	0	2	1	**3**
Polyxenida	0	0	0	0	0	**0**
Oligochaeta	0	0	0	0	0	**0**
Nematoda	0	0	0	0	0	**0**
TOTAL	**564**	**399**	**507**	**335**	**135**	1940
Número de grupos	**5**	**6**	**5**	**8**	**8**	12

Tabla 4. Correlaciones significativas del análisis de fauna edáfica. * indica que la correlación es significativa con un nivel de confianza del 0,05. ** indica que la correlación es significativa con un nivel de confianza del 0,01.

COEFICIENTE DE CORRELACIÓN DE SPEARMAN			
Pareja	**Coeficiente de correlación**	**Pareja**	**Coeficiente de correlación**
Collembola Psocoptera	0,510**	Dermaptera Julidae	0,370*
Acari Coleoptera	0,379*	Hymenoptera Chilopoda	0,369*
Acari Chilopoda	-0,366*	Hymenoptera Julidae	0,378*
Larva_coleoptera Symphyla	-0,388*	Psocoptera Pauropoda	-0,363**
Larva_diptera Psocoptera	0,476**	Chilopoda Julida	0,641**
Larva_diptera Pauropoda	-0,440*	Pseudoscorpionida Polyxenida	1,000**
Diptera Embioptera	0,577**	Pseudoscorpionida Hemiptera	0,670**
Hemiptera Symphyla	0,391*	Pauropoda Symphyla	0,559**
Hemiptera Polyxenida	0,670**	Protura Symphyla	0,501**

Tabla 5. Especies de colémbolos y número de ejemplares de cada una recolectados en la zona natural del bosque de Fuentenava de Jábaga. Leyenda: N, natural; O, otoño; H, hojarasca; S, suelo superficial; P, suelo profundo.

	NHO1	NHO2	NHO3	NHO4	NHO6	NSO1	NSO2	NSO3	NSO4	NSO6	NPO1	NPO2	NPO4	NPO5	NPO6	TOTAL
Ceratophysella tergilobata	0	0	0	1	1	1	0	1	2	4	0	0	208	0	0	**218**
Hypogastrura purpurescens	0	0	0	0	0	0	0	0	0	0	0	0	0	0	0	**0**
Microgastrura duodecimoculata	0	0	0	0	1	0	0	0	0	3	0	0	0	0	0	**4**
Xenylla schillei	0	0	0	0	2	0	0	0	0	0	0	0	0	0	0	**2**
Xenyllogastrura octoculata	0	0	0	0	0	0	0	0	0	0	0	0	0	0	0	**0**
Brachystomella parvula	0	0	0	0	0	0	0	0	0	0	0	0	0	0	0	**0**
Friesea steineri	0	0	0	0	0	0	0	0	0	0	0	0	0	0	0	**0**
Bilobella aurantiaca	0	0	0	0	0	0	0	0	0	0	0	0	0	0	0	**0**
Micranurida pygmaea	0	0	0	1	0	9	0	0	4	0	0	0	0	0	0	**14**
Pseudachorudina sp.	0	0	0	0	0	0	0	0	0	1	0	0	0	0	0	**1**
Pseudachorutes parvulus	0	0	0	0	0	0	0	0	0	1	0	0	0	0	0	**1**
Simonachorutes romeroi	0	0	0	0	0	1	1	0	0	0	0	1	0	0	0	**3**
Odontellina nivalis	0	0	0	0	0	0	0	0	0	0	0	0	0	0	0	**0**
Superodontella selgae	0	0	0	0	2	0	0	0	0	0	0	0	0	0	0	**2**
Protaphorura armata	0	0	0	0	0	0	0	1	0	16	0	0	0	0	0	**17**
Mesaphorura macrochaeta	2	0	0	0	0	29	17	18	71	15	6	22	47	14	9	**250**
Wankeliella medialis	0	0	0	0	0	0	0	0	0	0	0	0	3	0	2	**5**
Entomobrya multifasciata	7	0	0	0	0	5	0	11	0	0	0	0	0	0	0	**23**
Entomobrya nicoleti	0	0	0	0	0	0	0	0	0	0	0	0	0	0	0	**0**
Lepidocyrtus lusitanicus	0	0	0	0	0	0	0	0	0	2	0	0	0	0	0	**2**
Pseudosinella sp.	0	0	0	0	0	0	0	0	0	0	0	0	0	0	0	**0**
Heteromurus major	0	0	1	0	0	2	0	1	2	0	0	0	0	0	0	**6**
Ballistura navacerradensis	0	0	0	0	0	0	0	0	0	0	0	0	0	0	0	**0**
Folsomides parvulus	0	0	0	0	0	0	0	0	0	0	0	0	0	0	0	**0**
Hemisotoma thermophila	0	0	0	0	0	0	0	0	0	0	0	0	0	0	0	**0**
Isotoma viridis	0	1	2	1	0	11	3	10	4	13	0	0	0	0	0	**45**
Isotomiella minor	0	0	0	0	0	0	0	0	0	1	0	0	3	5	2	**11**
Isotomodes bisetosus	0	0	0	0	0	0	0	0	0	0	0	0	0	0	0	**0**
Isotomurus sp.	0	0	0	0	0	0	0	0	0	0	0	0	0	0	0	**0**
Parisotoma notabilis	0	0	3	0	0	15	24	57	70	4	0	1	4	1	0	**179**
Tetrachantella pilosa	24	0	0	1	0	0	0	0	0	0	0	0	0	0	0	**25**
Megalothorax minimus	0	0	5	0	0	0	0	0	0	0	0	0	0	0	0	**5**
Sphaeridia pumilis	4	0	0	0	0	5	1	4	5	1	0	0	0	0	0	**20**
TOTAL	**37**	**1**	**11**	**4**	**6**	**78**	**46**	**103**	**158**	**61**	**6**	**24**	**265**	**20**	**13**	**833**
Número de especies	**4**	**1**	**4**	**4**	**4**	**9**	**5**	**8**	**7**	**11**	**1**	**3**	**5**	**3**	**3**	**20**

Tabla 6. Especies de colémbolos y número de ejemplares de cada una recolectados en el bosque quemado de Fuentenava de Jábaga. Leyenda: I, incendio; O, otoño; H, hojarasca; S, suelo superficial; P, suelo profundo.

	ISO2	**ISO3**	**ISO4**	**ISO5**	**ISO6**	**IPO1**	**IPO2**	**IPO3**	**IPO4**	**IPO5**	**IPO 6**	**TOTAL**
Ceratophysella tergilobata	0	3	0	0	1	4	0	0	0	0	0	**8**
Hypogastrura purpurescens	0	0	0	0	0	0	0	0	0	0	0	**0**
Microgastrura duodecimoculata	0	0	0	0	0	0	0	0	0	0	0	**0**
Xenylla schillei	0	0	0	0	0	0	0	0	0	0	0	**0**
Xenyllogastrura octoculata	5	0	0	4	0	4	0	0	0	0	0	**13**
Brachystomella parvula	9	0	0	11	0	0	0	0	0	0	0	**20**
Friesea steineri	0	4	0	0	5	0	0	2	0	0	0	**11**
Bilobella aurantiaca	0	0	0	0	0	0	0	0	0	0	0	**0**
Micranurida pygmaea	0	0	0	0	0	0	0	0	0	0	0	**0**
Pseudachorudina sp.	0	0	0	0	0	0	0	0	0	0	0	**0**
Pseudachorutes parvulus	2	0	0	0	0	0	0	0	0	0	0	**2**
Simonachorutes romeroi	0	2	2	0	1	0	0	0	0	0	0	**5**
Odontellina nivalis	0	0	0	0	1	0	0	2	0	0	0	**3**
Superodontella selgae	0	0	0	0	0	0	0	0	0	0	0	**0**
Protaphorura armata	1	0	2	5	25	0	0	1	0	2	2	**38**
Mesaphorura macrochaeta	2	67	0	4	24	10	2	6	0	0	17	**132**
Wankeliella medialis	3	26	0	0	3	0	1	6	0	0	3	**42**
Entomobrya multifasciata	0	1	0	0	0	0	0	0	0	0	0	**1**
Entomobrya nicoleti	0	0	0	0	0	0	0	0	0	0	0	**0**
Lepidocyrtus lusitanicus	1	0	0	0	0	0	0	0	1	0	0	**2**
Pseudosinella sp.	0	0	1	0	0	0	0	0	0	0	0	**1**
Heteromurus major	0	0	0	0	0	0	0	0	0	0	0	**0**
Ballistura navacerradensis	0	5	0	0	2	0	0	0	0	0	0	**7**
Folsomides parvulus	0	0	0	0	0	0	0	0	0	15	3	**18**
Hemisotoma thermophila	8	0	0	2	0	0	0	0	0	0	0	**10**
Isotoma viridis	0	0	0	0	0	0	0	0	0	0	0	**0**
Isotomiella minor	0	0	0	0	0	0	0	3	1	0	0	**4**
Isotomodes bisetosus	3	0	2	0	1	1	7	1	3	3	2	**23**
Isotomurus sp.	0	2	0	2	0	1	0	2	2	0	0	**9**
Parisotoma notabilis	0	0	0	0	0	0	0	0	0	0	0	**0**
Tetracanthella pilosa	0	0	0	0	0	0	0	0	0	0	0	**0**
Megalothorax minimus	0	0	0	0	0	0	0	0	0	0	0	**0**
Sphaeridia pumilis	0	1	0	0	0	0	0	0	0	0	0	**1**
TOTAL	**34**	**111**	**7**	**28**	**63**	**20**	**10**	**23**	**7**	**20**	**27**	**350**
Número de especies	**9**	**9**	**4**	**6**	**9**	**5**	**3**	**8**	**4**	**3**	**5**	**20**

Tabla 7. Especies de colémbolos y número de ejemplares de cada una recolectados en la zona de borde del bosque de Fuentenava de Jábaga. Leyenda: B, borde; O, otoño; H, hojarasca; S, suelo superficial; P, suelo profundo.

	BHO2	BHO3	BHO4	BSO4	BSO5	TOTAL
Ceratophysella tergilobata	3	2	0	0	0	**5**
Hypogastrura purpurescens	4	0	0	0	0	**4**
Microgastrura duodecimoculata	5	0	0	1	0	**6**
Xenylla schillei	0	0	0	0	0	**0**
Xenyllogastrura octoculata	3	0	0	1	0	**4**
Brachystomella parvula	0	0	0	0	0	**0**
Friesea steineri	0	0	0	0	0	**0**
Bilobella aurantiaca	0	1	0	0	0	**1**
Micranurida pygmaea	0	0	0	0	1	**1**
Pseudachorudina sp.	0	0	0	0	0	**0**
Pseudachorutes parvulus	7	1	0	1	2	**11**
Simonachorutes romeroi	0	0	0	0	0	**0**
Odontellina nivalis	0	0	0	0	0	**0**
Superodontella selgae	0	0	0	0	0	**0**
Protaphorura armata	0	0	0	0	4	4
Mesaphorura macrochaeta	0	0	1	30	33	**64**
Wankeliella medialis	0	0	0	0	0	**0**
Entomobrya multifasciata	0	2	1	1	0	**4**
Entomobrya nicoleti	1	0	0	0	0	**1**
Lepidocyrtus lusitanicus	0	1	0	0	0	**1**
***Pseudosinella* sp.**	1	0	0	0	0	**1**
Heteromurus major	0	1	0	0	3	4
Ballistura navacerradensis	3	0	0	0	0	**3**
Folsomides parvulus	0	0	0	0	0	**0**
Hemisotoma thermophila	10	57	0	0	1	**68**
Isotoma viridis	0	0	0	0	0	**0**
Isotomiella minor	0	0	0	0	0	**0**
Isotomodes bisetosus	2	0	0	5	0	**7**
Isotomurus sp.	0	0	0	0	0	**0**
Parisotoma notabilis	5	9	0	6	37	**57**
Tetrachantella pilosa	346	0	250	85	0	**681**
Megalothorax minimus	0	0	0	0	0	**0**
Sphaeridia pumilis	0	0	0	0	0	**0**
TOTAL	**390**	**74**	**252**	**130**	**81**	**927**
Número de especies	**12**	**8**	**3**	**8**	**7**	**19**

Tabla 8. Correlaciones significativas del análisis de colémbolos. * indica que la correlación es significativa con un nivel de confianza del 0,05. ** indica que la correlación es significativa con un nivel de confianza del 0,01.

SPEARMAN			
Pareja	**Coeficiente de correlación**	**Pareja**	**Coeficiente de correlación**
Ceratophysella tergilobata *Ballistura navacerradensis*	0,409*	*Xenylla schillei* *Superodontella selgae*	1,000**
Hypogastrura purpurescens *Microgastrura duodecimoculata*	0,526**	*Xenyllogastrura octoculata* *Pseudachorutes parvulus*	0,449*
Hypogastrura purpurescens *Xenyllogastrura octoculata*	0,557**	*Xenyllogastrura octoculata* *Tetrachantella pilosa*	0,466**
Hypogastrura purpurescens *Pseudachorutes parvulus*	0,478**	*Xenyllogastrura octoculata* *Entomobrya nicoleti*	0,557**
Hypogastrura purpurescens *Hemisotoma thermophila*	0,446*	*Xenyllogastrura octoculata* *Pseudosinella sp.*	0,358*
Hypogastrura purpurescens *Ballistura navacerradensis*	0,557**	*Bilobella aurantiaca* *Pseudachorutes parvulus*	0,383*
Hypogastrura purpurescens *Tetrachantella pilosa*	0,478**	*Bilobella aurantiaca* *Hemisotoma thermophila*	0,478**
Hypogastrura purpurescens *Entomobrya nicoleti*	1,000**	*Bilobella aurantiaca* *Lepidocyrtus lusitanicus*	0,456**
Hypogastrura purpurescens *Pseudosinella sp.*	0,695**	*Brachystomella parvula* *Protaphorura armata*	0,388*
Microgastrura duodecimoculata *Xenylla schillei*	0,438*	*Brachystomella parvula* *Hemisotoma thermophila*	0,572**
Microgastrura duodecimoculata *Xenyllogastrura octoculata*	0,514**	*Friesea steineri* *Simonachorutes romeroi*	0,424*
Microgastrura duodecimoculata *Pseudachorudina sp.*	0,491**	*Friesea steineri* *Odontellina nivalis*	0,799**
Microgastrura duodecimoculata *Pseudachorutes parvulus*	0,633**	*Friesea steineri* *Wankeliella medialis*	0,640**
Microgastrura duodecimoculata *Superodontella selgae*	0,438*	*Friesea steineri* *Isotomurus sp.*	0,447*
Microgastrura duodecimoculata *Tetrachantella pilosa*	0,397*	*Friesea steineri* *Ballistura navacerradensis*	0,651**
Microgastrura duodecimoculata *Entomobrya nicoleti*	0,526**	*Micranurida pygmaea* *Isotoma viridis*	0,417*
Pseudachorutes parvulus *Hemisotoma thermophila*	0,595**	*Micranurida pygmaea* *Heteromurus major*	0,443*
Pseudachorutes parvulus *Entomobrya nicoleti*	0,498**	*Micranurida pygmaea* *Sphaeridia pumilis*	0,444*

Pseudachorutes parvulus *Lepidocyrtus lusitanicus*	0,603**	*Pseudachorudina sp.* *Pseudachorutes parvulus*	0,383*
Simonachorutes romeroi *Ballistura navacerradensis*	0,411*	*Pseudachorudina sp.* *Protaphorura armata*	0,357*
Mesaphorura macrochaeta *Wankeliella medialis*	0,361*	*Pseudachorudina sp.* *Lepidocyrtus lusitanicus*	0,526**
Mesaphorura macrochaeta *Sphaeridia pumilis*	0,501**	*Odontellina nivalis* *Wankeliella medialis*	0,489**
Protaphorura armata *Odontellina nivalis*	0,417*	*Wankeliella medialis* *Ballistura navacerradensis*	0,360*
Protaphorura armata *Folsomides parvulus*	0,403*	*Folsomides parvulus* *Isotomodes bisetosus*	0,382*
Protaphorura armata *Isotomodes bisetosus*	0,372*	*Isotoma viridis* *Isotomurus sp.*	0,399*
Hemisotoma thermophila *Ballistura navacerradensis*	0,446*	*Isotoma viridis* *Sphaeridia pumilis*	0,635**
Hemisotoma thermophila *Lepidocyrtus lusitanicus*	0,368*	*Isotomodes bisetosus* *Parisotoma notabilis*	-0,387*
Ballistura navacerradensis *Entomobrya nicoleti*	0,557**	*Isotomodes bisetosus* *Sphaeridia pumilis*	-0,361*
Ballistura navacerradensis *Sphaeridia pumilis*	0,358*	*Parisotoma notabilis* *Heteromurus major*	0,698**
Tetrachantella pilosa *Entomobrya multifasciata*	0,357*	*Parisotoma notabilis* *Sphaeridia pumilis*	0,461**
Tetrachantella pilosa *Entomobrya nicoleti*	0,478**	*Entomobrya multifasciata* *Sphaeridia pumilis*	0,509**
Heteromurus major *Sphaeridia pumilis*	0,394*	*Entomobrya nicoleti* *Pseudosinella sp.*	0,695**

Printed by Books on Demand GmbH, Norderstedt / Germany